高校入試実戦シリーズ

実力判定テスト10 改訂版

数学

偏差値65

JN022856

※解答用紙はプリントアウトしてご利用いただけます。弊社
HPの商品詳細ページよりダウンロードしてください。

目　次

この問題集の特色と使い方

☆本書の特長

　本書は，実際の入試に役立つ実戦力を身につけるための問題集です。いわゆる"難関校"の，近年の入学試験で実際に出題された問題を精査，分類，厳選し，全10回のテスト形式に編集しました。さらに，入試難易度によって，準難関校・難関校・最難関校と分類し，それぞれのレベルに応じて，『偏差値60』・『偏差値65』・『偏差値70』の3種類の問題集を用意しています。

　この問題集は，問題編と解答・解説編からなり，第1回から第10回まで，回を重ねるごとに徐々に難しくなるような構成となっています。出題内容は，特におさえておきたい基本的な事柄や，近年の傾向として慣れておきたい出題形式・内容などに注目し，実戦力の向上につながるものにポイントを絞って選びました。さまざまな種類の問題に取り組むことによって，実際の高校入試の出題傾向に慣れてください。そして，繰り返し問題を解くことによって学力を定着させましょう。

　解答・解説は全問に及んでいます。誤答した問題はもちろんのこと，それ以外の問題の解答・解説も確認することで，出題者の意図や入試の傾向を把握することができます。自分の苦手分野や知識が不足している分野を見つけ，それらを克服し，強化していきましょう。

　実際の試験のつもりで取り組み，これからの学習の方向性を探るための目安として，あるいは高校入試のための学習の総仕上げとして活用してください。

☆問題集の使い方の例

①指定時間内に，問題を解く

　時間を計り，各回に示されている試験時間内で問題を解いてみましょう。

②解答ページを見て，自己採点する

　1回分を解き終えたら，本書後半の解答ページを見て，採点をしましょう。

　正解した問題は，問題ページの□欄に✔を入れましょう。自信がなかったものの正解できた問題には△を書き入れるなどして，区別してもよいでしょう。

　配点表を見て，合計点を算出し，記入しましょう。

③解説を読む

　特に正解できなかった問題は，理解できるまで解説をよく読みましょう。

　正解した問題でも，より確実な，あるいは効率的な解答の導き方があるかもしれませんので，解説には目を通しましょう。

　うろ覚えだったり知らなかったりした事柄は，ノートにまとめて，しっかり身につけましょう。

④復習する

　問題ページの□欄に✔がつかなかった問題を解き直し，全ての□に✔が入るまで繰り返しましょう。

　第10回まですべて終えたら，後日改めて第1回から全問解き直してみるのもよいでしょう。

☆アドバイス

　◎試験問題を解き始める前に全問をざっと確認し，指定時間内で解くための時間配分を考えることが大切です。一つの問題に長時間とらわれすぎないようにしましょう。

　◎かならずしも①から順に解く必要はありません。見慣れた形式の問題や得意分野の問題から解くなど，自分なりの工夫をしましょう。

　◎時間が余ったら，必ず見直しをしましょう。

　◎入試問題に出される複雑な計算問題は，工夫すると簡単な計算で処理できるものがあります。まずは工夫することを考えましょう。また，解説を読んで，その工夫の仕方も身につけましょう。

　◎文章問題中の計算も同様に，計算の工夫をしましょう。通分や分母の有理化などは，どのタイミングでするのが効率的なのかも，解説を参考にしてみましょう。

　◎無理な暗算は避け，ケアレスミスを防ぎましょう。実際の入試問題には，途中式の計算用として使える余白スペースがあることが多いので，それを有効活用できるよう，日ごろから心がけましょう。

　◎問題集を解くときは，ノートや計算用紙を用意しましょう。空いているスペースをやみくもに使うのではなく，できる限り整然と，どこに何を記したのかわかるように書いていきましょう。そうすれば，見直しをしたときにケアレスミスも発見しやすくなります。

☆実力判定と今後の取り組み

◎まず第1回から第3回までを時間内にやってみて，解答を見て自己採点してみてください。

◎おおむね30点未満の場合は，先に進むことを一旦やめて，教科書や教科書準拠の問題集などの学習に切り替えることをお勧めします。その後，「偏差値60」の問題集に取り組んでください。「偏差値60」の問題集で80点以上とれるようになってからこの問題集に戻ってください。

◎30点以上60点未満程度で，正答にいたらないにしても，取り組める問題が多い場合には，まずは第3回までの問題について，上記の＜問題集の使い方の例＞に示した方法で，徹底的に学習してから，第4回目以降に進んでいきましょう。その際，回ごとに徹底的な復習が必要です。

◎60点以上80点未満の場合には，上記の＜問題集の使い方の例＞，＜アドバイス＞を参考に第10回目まで進み，その後，志望する高校の過去問題集に取り組んでみましょう。

◎80点以上の場合には，偏差値63～68程度の高校の合格点を超えていると判定できます。余裕があったら，「偏差値70」の問題集に取り組んで，さらに学力を高めてみるのもよいでしょう。

☆過去問題集への取り組み

ひととおり学習が進んだら，志望校の過去問題集に取り組みましょう。国立・私立高校は，学校ごとに問題も出題傾向も異なります。また，公立高校においても，都道府県ごとの問題にそれぞれ特色があります。自分が受ける高校の入試問題を研究し，対策を練ることが重要です。

一方で，これらの学習は，高校入学後の学習の基にもなりますので，入試が終われば必要ないというものではありません。そのことも忘れずに，取り組んでください。

頑張りましょう！

▶ 解 答 ・ 解 説 は P.46

出 題 の 分 類

① 数と式

② 方程式，整数，平方根

③ 図形と関数・グラフの融合問題

④ 平面図形

⑤ 空間図形

時　　間：50分
目標点数：80点

1回目	╱100
2回目	╱100
3回目	╱100

1　次の各問いに答えなさい。

□　(1)　$-2^4 \times (-2)^4 \div (-2^3)^2$ を計算しなさい。

□　(2)　$\left(\dfrac{a^3}{b^2}\right)^3 \div \left(\dfrac{1}{2}a^3 b\right)^2 \times \dfrac{b^3}{2}$ を計算しなさい。

□　(3)　$3x(x-2)-(x-2)^2$ を因数分解しなさい。

□　(4)　$x=\dfrac{\sqrt{6}-\sqrt{2}}{4}$，$y=\dfrac{\sqrt{6}+\sqrt{2}}{4}$ のとき，$x^2 y - xy^2$ の値を求めなさい。

2　次の各問いに答えなさい。

□　(1)　連立方程式 $\begin{cases} 5x-8y=14 \\ \dfrac{3}{x}=\dfrac{1}{y} \end{cases}$ を解きなさい。

□　(2)　5つの数 a, b, c, d, e が次の①〜⑤の条件を満たしている。このとき，a, b, c, d, e の正負を答えなさい。正の場合は＋，負の場合は−と書きなさい。

　　①　$a \times b \times c \times d \times e < 0$　　②　$a \times c \times e > 0$　　③　$a-c>0$

　　④　$b<d$　　　　　　　　　　⑤　$b-e>0$

□ （3） 不等式 $\dfrac{1}{5}<\dfrac{1}{\sqrt{n}}<\dfrac{1}{4}$ を満たす自然数 n は全部で何個あるか求めなさい。

□ （4） 2本の直線 $y=x+6$, $y=ax+4$ の交点が，放物線 $y=x^2$ のグラフ上にあるとき，a の値を求めなさい。

3　右の図のように，放物線 $y=\dfrac{1}{2}x^2$ と直線 $y=x$ は原点と点Aで交わり，放物線と直線 $y=-x+a$ は2点A，Bで交わっている。このとき，次の各問いに答えなさい。

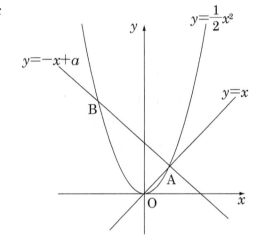

□ （1） a の値を求めなさい。

□ （2） △OABの面積を求めなさい。

□ （3） 点Bを通り，直線 $y=x$ に平行な直線と放物線の交点のうち，Bでない方の点をCとする。原点を通り，四角形OACBの面積を二等分する直線の式を求めなさい。

4 次の各問いに答えなさい。

□ (1) 右の図の△ABCで，∠ABCの二等分線と∠ACB
   の二等分線の交点をDとする。∠BAC＝54°のとき，
   ∠BDCを求めなさい。

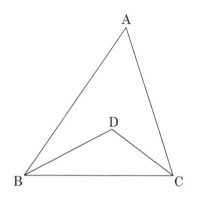

□ (2) 右の図のように，点Oを中心とする円Oの周上
   に，5点A，B，C，D，Eがあり，線分BEは円Oの
   直径である。∠BEC＝34°，∠DBE＝29°であると
   き，∠CADを求めなさい。

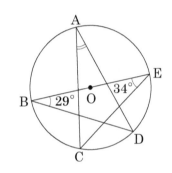

□ (3) 直角三角形ABCと3つの半円を組み合わせて
   作った図形がある。直角三角形ABCの面積が12の
   とき，斜線部分の面積の和を求めなさい。

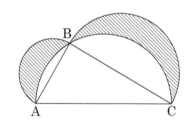

5 下の図のように，AB＝BC＝BD＝6cm，∠ABC＝∠ABD＝∠CBD＝90°の三角すい ABCDの辺AB上にAE：EB＝2：1となる点E，辺AC上にAF：FC＝1：2となる点Fをとる。このとき，次の各問いに答えなさい。

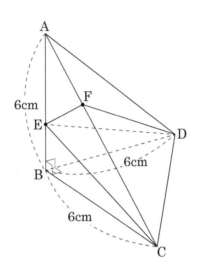

□ （1） 三角すいABCDの体積を求めなさい。

□ （2） △ABCと△CEFの面積の比を最も簡単な整数の比で表しなさい。

□ （3） 立体F－CDEの体積を求めなさい。

□ （4） 立体F－CDEにおいて，頂点Fから底面CDEに下ろした垂線の長さを求めなさい。

1　次の各問いに答えなさい。

□　(1)　$\sqrt{\dfrac{675}{10000}} - \dfrac{3}{20\sqrt{3}}$ を計算しなさい。

□　(2)　$\dfrac{2}{27}x^4y^2 \div \left(-\dfrac{2}{3}xy\right)^2 \times (-4xy^3)$ を計算しなさい。

□　(3)　$(2x+y)^4$を展開したときの，x^2y^2の係数を求めなさい。

□　(4)　$\sqrt{31}$の小数部分をaとするとき，a^2+10a の値を求めなさい。

2　次の各問いに答えなさい。

□　(1)　$3:2x=(x+1):(3x-1)$の解を求めなさい。

□　(2)　連立方程式 $\begin{cases} (x+3):y=2:1 \\ 6-\dfrac{x-2y}{3}=x \end{cases}$ を解きなさい。

□　(3)　右の表のマス目には，縦，横，斜めに並ぶ3つの数の和が
すべて等しくなるように自然数が入る。このとき，x, yの値
を求めなさい。

y	a	b
3	4	c
x	1	5

□ (4) nは正の整数とする。$1 \times 2 \times 3 \times \cdots\cdots \times 49 \times 50$が$5^n$で割り切れるとき，$n$の最大の値を求めなさい。

3 次の各問いに答えなさい。

□ (1) 右の図のように，直角三角形ABCがあり，∠BACの二等分線と辺BCの交点をDとする。BD＝3，DC＝2のとき，ACの長さを求めなさい。

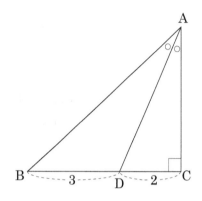

□ (2) 右の図で，AD：DB＝2：1，AF：FC＝4：3であるとき，BE：ECを最も簡単な整数の比で表しなさい。

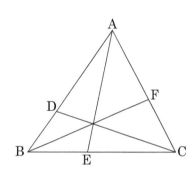

□ (3) 右の図の∠xの大きさを求めなさい。

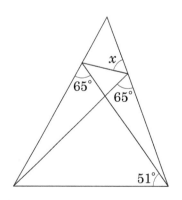

$\boxed{4}$　放物線$y=ax^2(a>0)$…①，$y=-x^2$…②，原点を通る直線ℓがある。直線ℓと放物線①との交点をA，放物線②との交点をBとする。点Aのx座標は5，点Bのy座標は-9のとき，次の各問いに答えなさい。

□　(1)　直線ℓの方程式を求めなさい。

□　(2)　aの値を求めなさい。

□　(3)　点C$(5，-9)$と，y軸上の正の部分に点Dをとる。△ABCと，△ABDの面積が等しくなるとき，点Dの座標を求めなさい。

5　下の図のように，正四角柱と正四角すいを合わせた立体がある。

正四角柱ABCD－EFGHは，底面となる正方形の1辺の長さが4で，高さが2であり，正四角すいO－ABCDの高さは4である。

また，線分OE，OGと平面ABCDとの交点をそれぞれ点P，Qとする。このとき，次の各問いに答えなさい。

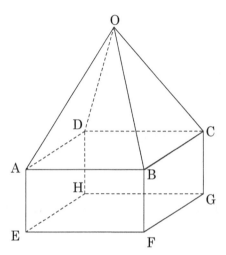

□　(1)　OP：PEを求めなさい。

□　(2)　線分PQの長さを求めなさい。

□　(3)　三角すいBFPQの体積を求めなさい。

出題の分類

1	数と式	4	図形と関数・グラフの融合問題
2	方程式	5	平面図形
3	空間図形		

▶ 解 答 ・ 解 説 は P.52

時　　　間：50分
目標点数：80点

1回目	／100
2回目	／100
3回目	／100

1 次の各問いに答えなさい。

□ (1) $196^2-104^2-46^2+254^2$ を計算しなさい。

□ (2) $(3a+2b)^2-(2a-b)^2$ を因数分解しなさい。

□ (3) $a=\sqrt{5}+\sqrt{3}+1$, $b=\sqrt{5}+\sqrt{3}-1$のとき, a^2-b^2の値を求めなさい。

□ (4) 自然数aは9の倍数である。$\sqrt{216-a}$ が自然数となる最小のaを求めなさい。

2 次の各問いに答えなさい。

□ (1) 連立方程式 $\begin{cases} 5x+\dfrac{2}{y}=8 \\ 2x+\dfrac{3}{y}=1 \end{cases}$ を解きなさい。

□ (2) 2次方程式$x^2+6x+7=0$の2つの解のうち, 小さい方をa, 大きい方をbとする。このとき, a^2-b^2の値を求めなさい。

□ (3) ある美術館の入場料は小学生250円, 中学生400円, 高校生600円である。ある日の小学生, 中学生, 高校生の入場者の合計は114人で, 入場料の合計は42300円だった。小学生の人数は高校生の人数の$\dfrac{9}{4}$倍のとき, 小学生, 中学生, 高校生それぞれの人数を求めなさい。

□ (4) yはxに比例し，zはy^2に比例している。$x=\dfrac{1}{3}$のとき，$z=2$である。$x=-2$のとき，zの値を求めなさい。

3 次の各問いに答えなさい。

□ (1) 右の図のように，底面の半径が10cmの円すいの側面と底面に，内部で接している球がある。この球の表面積を求めなさい。

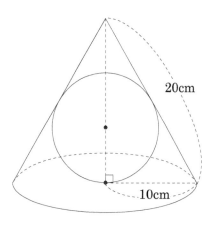

20cm

10cm

□ (2) 1辺の長さが2cmの立方体ABCD－EFGHがある。ABの中点をM，CDの中点をNとする。また，BC，FG，EH，AD上にある点をそれぞれP，Q，R，Sとし，点Mと点P，点Pと点Q，点Qと点R，点Rと点S，点Sと点Nを結ぶ。MP＋PQ＋QR＋RS＋SN＝$k$cmとする。kの値が最も小さくなるときのkの値を求めなさい。

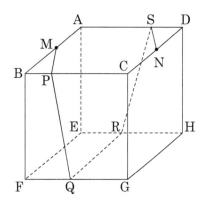

□ (3) 底面の円の半径3cm，母線の長さ12cmの円すいがある。右の図のように，母線OAを1：2の比に分ける点をBとし，点Aから点Bまでひもをかける。ひもの長さが最短となるとき，その長さを求めなさい。

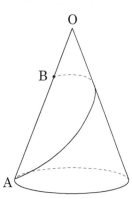

$\boxed{4}$　下の図のように，放物線$y＝x^2$がある。直線$y＝x＋2$がこの放物線と2点A，Bで交わっている。また，放物線上を原点Oから点Bまで動く点をPとし，点Pを通るx軸に垂直な直線と直線$y＝x＋2$との交点をQとする。このとき，次の各問いに答えなさい。

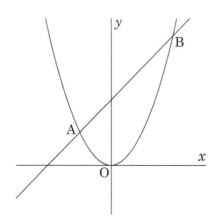

□　（1）　点Aと点Bの座標をそれぞれ求めなさい。

□　（2）　△AOQの面積が$\dfrac{5}{2}$となるとき，点Qの座標を求めなさい。

□　（3）　△APBの面積が$\dfrac{27}{8}$となるとき，点Pの座標を求めなさい。

□　（4）　（3)のとき，線分PQをこの平面上で原点Oの周りに1回転させる。線分PQが通過してできる図形の面積を求めなさい。

⑤　下の図のように，△ABCは円に内接し，AC＝BC，AB＝2である。辺BC上に点Dをとるとき，AB＝AD＝CDになるという。このとき，次の各問いに答えなさい。

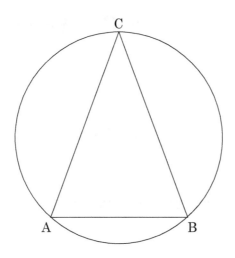

□　(1)　∠Cの大きさを求めなさい。

□　(2)　ACの長さを求めなさい。

□　(3)　ADの延長と円の交点をEとする。点Eを通り辺ABに平行な直線と辺BCの交点をFとするとき，DFの長さを求めなさい。

出 題 の 分 類

1 数と式　　　　　　　　　4 図形と関数の融合問題

2 数と式，方程式，魔法陣　5 空間図形

3 平面図形

▶ 解 答 ・ 解 説 は P.56

1　次の各問いに答えなさい。

□　(1)　$(\sqrt{3}-1)^2 - \dfrac{2\sqrt{3}-4\sqrt{2}}{\sqrt{6}} + \sqrt{\dfrac{4}{3}}$ を計算しなさい。

□　(2)　$(x^2+5x)^2 + 2(x^2+5x) - 24$ を因数分解しなさい。

□　(3)　$\left(\dfrac{\sqrt{6}}{3}a^2b\right)^2 \times ①a^②b^③ \div \dfrac{14}{3}a^3b^3 = a^3b^2$ である。①〜③の値を求めなさい。

□　(4)　$\dfrac{1}{11}$を小数で表したとき，小数第1位から，小数第2019位までの各位の数の和を求めなさい。

2　次の各問いに答えなさい。

□　(1)　右の表のマス目には，縦，横，斜めに並ぶ3つの数の和がすべて等しくなるように自然数が入る。表中のa，bの値を求めなさい。

3	7	a
	4	5
		b

□　(2)　二次方程式 $\sqrt{2}\,x^2 + \sqrt{2} = 3x$ を解きなさい。

□　(3)　2つの正の整数A，B（A＞B）があり，AとBの最小公倍数が1134，AとBの最大公約数が27である。A－Bが最小となるように，Aの値を求めなさい。

3　次の各問いに答えなさい。

□ （1）　右の図のような正三角形ABCがある。点Aが辺BC
上にくるように折り返し，折り目を線分DE，点Aが
移った点をFとする。このとき，CEの長さを求めな
さい。

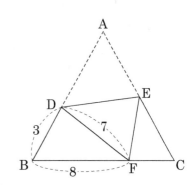

□ （2）　右の図の△ABCにおいて，点D，Eはそれぞれ辺AB，
ACの中点である。点Fは辺BC上の点で，線分AFと線分
DE，DCとの交点をそれぞれG，Hとする。DH：HC＝1：
4，GE＝4のとき，線分BFの長さを求めなさい。

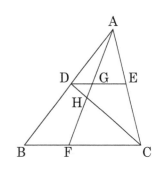

□ （3）　右の図のxの値を求めなさい。

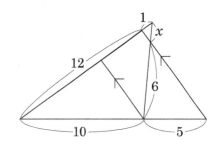

□ （4）　右の図の△ABCで，頂点Aから辺BC
に下ろした垂線AHの長さを求めなさい。

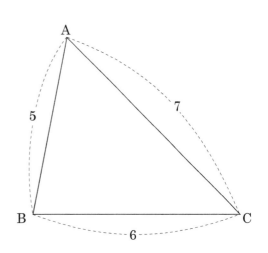

4 下の図のように，座標平面上に4点A(6, 0)，B(10, 0)，C(10, 3)，D(6, 3)を頂点とする長方形ABCDがある。また，頂点P，Qがx軸上にあり，PQ＝6，PR＝3，∠RPQ＝90°の直角三角形PQRがある。△PQRは頂点Pが原点Oから点Bまで毎秒1の速さでx軸の正の方向へ移動する。t秒後に△PQRと長方形ABCDの重なる部分の面積をSとする。このとき，次の各問いに答えなさい。

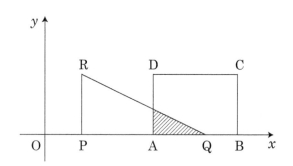

□ （1） $0 \leqq t \leqq 4$のとき，Sをtの式で表しなさい。

□ （2） $4 < t \leqq 6$のとき，Sをtの式で表しなさい。

□ （3） $6 < t \leqq 10$のとき，Sをtの式で表しなさい。

□ （4） $0 \leqq t \leqq 10$のとき，S＝5となるtの値をすべて求めなさい。

5 下の図のように，底面の1辺の長さが$6\sqrt{3}$ cmである正三角柱ABC－DEFがあり，5つの面すべてに接する球が入っている。このとき，次の各問いに答えなさい。

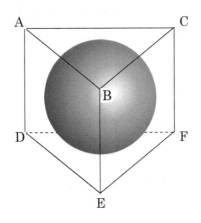

□ （1） 球の体積を求めなさい。

□ （2） 正三角柱の体積を求めなさい。

□ （3） 辺AD上にAG：GD＝2：1となるように点Gをとる。点Gを通り底面に平行な平面で切ったとき，球の切り口の面積を求めなさい。

出 題 の 分 類

① 数と式　　　　　　　　④ 平面図形

② 方程式，約数　　　　　⑤ 空間図形

③ 図形と関数・グラフの融合問題

▶ 解 答 ・ 解 説 は P.60

時　　　間：50分
目標点数：80点

1回目	／100
2回目	／100
3回目	／100

1　次の各問いに答えなさい。

□　(1)　$(\sqrt{10}-\sqrt{6}-2)(\sqrt{10}+\sqrt{6}+2)$ を計算しなさい。

□　(2)　$x:y=\dfrac{1}{4}:\dfrac{1}{5}$ のとき，$\dfrac{x^2-4xy+4y^2}{x^2-y^2}$ の値を求めなさい。

□　(3)　$m,\ n$を1ケタの自然数とする。$(m+3)(n-2)$ が素数となる$(m,\ n)$の組はいくつあるか求めなさい。

2　次の各問いに答えなさい。

(1)　$\begin{cases} \sqrt{5}\,x+\sqrt{3}\,y=1 \\ \sqrt{3}\,x-\sqrt{5}\,y=1 \end{cases}$　のとき，

□　　① xの値を求めなさい。

□　　② xyの値を求めなさい。

□　(2)　① 63の正の約数の総和を求めなさい。

□　　② 63の正の約数の逆数の総和を求めなさい。

3 　下の図のように，放物線$y=x^2$上に点A$(-1, 1)$がある。点Aを通り，傾きが2の直線をℓ_1，傾きがmの直線をℓ_2とする。また，ℓ_1，ℓ_2と放物線との交点のうち，Aでない点をそれぞれB，Cとする。このとき，次の各問いに答えなさい。ただし，$m>-1$とする。

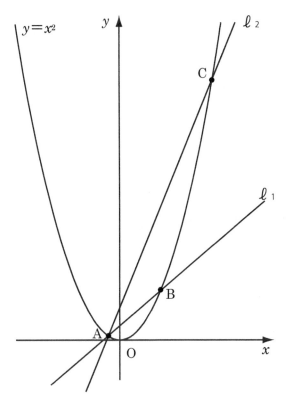

□ （1）　直線ℓ_1の方程式を求めなさい。

□ （2）　△OABの面積を求めなさい。

□ （3）　直線ℓ_2とy軸との交点のy座標をmを用いて表しなさい。

□ （4）　△OACの面積が△OABの面積の6倍になるとき，mの値を求めなさい。

4　平面上にn本の直線を引くとき，交点の数の最大値を$[n]$と表す。

例えば，$[1]=0$，$[2]=1$，$[3]=3$

次の各問いに答えなさい。

□　（1）　$[4]$の値を求めなさい。

□　（2）　$[10]$の値を求めなさい。

□　（3）　$[31]-[30]$の値を求めなさい。

□　（4）　$[x]-[x-2]=2019$ のとき，xの値を求めなさい。

5　1辺の長さが4の正四面体OABCがあり，OCの中点をM，Oから底面ABCに下ろした垂線の足をHとする。

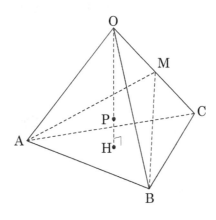

□ （1）　OHの長さを求めなさい。

□ （2）　3点A，B，Mを通る平面で正四面体OABCを切断し，四面体OMABをつくる。切断面とOHとの交点をPとすると，OPの長さを求めなさい。

□ （3）　四面体OMABを，点Pを通りOPに垂直な平面で切断する。このとき，頂点Oを含む立体の体積を求めなさい。

出 題 の 分 類

1　数と式　　　　　　4　図形と関数・グラフの融合問題

2　確率　　　　　　　5　平面図形

3　数列

▶ 解 答 ・ 解 説 は P.63

1　次の各問いに答えなさい。

(1)　$x=\dfrac{\sqrt{2}}{\sqrt{3}-\sqrt{2}}$, $y=\dfrac{\sqrt{2}}{\sqrt{3}+\sqrt{2}}$ のとき，次の値を求めなさい。

□　① xy

□　② x^2-xy+y^2

□　(2)　連立方程式 $\begin{cases} \dfrac{1}{x+y}+\dfrac{1}{x-y}=\dfrac{6}{5} \\ \dfrac{1}{x+y}-\dfrac{1}{x-y}=-\dfrac{4}{5} \end{cases}$ を解きなさい。

2　右の図のような，縦横すべての道路が等間隔に整備された街がある。太郎君はA地点からB地点まで，次郎君はP地点からQ地点まで，それぞれ最短経路で移動する。太郎君と次郎君が同時に出発し，同じ速さで移動するとき，次の確率を求めなさい。ただし，縦方向の道と横方向の道のどちらかを選べる地点においては，どちらを選ぶことも同様に確からしいものとする。

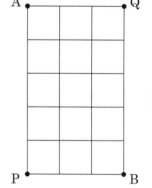

□　(1)　太郎君と次郎君が途中で直線AP上ですれ違う確率

□　(2)　太郎君と次郎君が途中ですれ違う確率

3 　下の図のように，縦の対角線よりも横の対角線が3だけ長いひし形をつくる。1番目の
ひし形の縦の対角線の長さを1とし，その面積をS_1とする。順に，2番目のひし形の縦の
対角線の長さを2，面積をS_2，3番目のひし形の縦の対角線の長さを3，面積をS_3，……，
n番目のひし形の縦の対角線の長さをn，面積をS_nとする。このとき，次の各問いに答え
なさい。

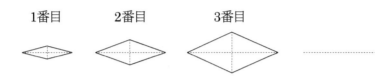

1番目　　　2番目　　　　3番目

□　（1）　S_5の値を求めなさい。

□　（2）　S_nの値を求めなさい。

□　（3）　$S_{n+2}-S_n＝41$となるときのnの値を求めなさい。

4 下の図のように放物線$y=x^2$上に，x座標がそれぞれ$-\dfrac{\sqrt{2}}{2}$，$\sqrt{2}$，$2\sqrt{2}$である3点A，B，Cがある。点Cを通り直線ABと平行な直線がy軸と交わる点をDとし，2直線AC，BDが交わる点をEとする。このとき，次の各問いに答えなさい。ただし，座標の1目盛りを1cmとする。

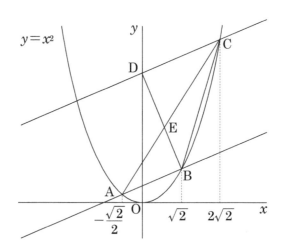

□ （1） 直線ABの式を求めなさい。

□ （2） 点Dのy座標を求めなさい。

□ （3） △ABCの面積を求めなさい。

□ （4） AB：CDを最も簡単な整数の比で表しなさい。

□ （5） △ABEの面積を求めなさい。

5　中心がA，Bである2つの円を円A，円Bとする。図のように直線ℓが円A，円Bと点Cで接しており，直線mが円A，円Bとそれぞれ点D，点Eで接している。2直線ℓ，mの交点をFとする。円Aの半径が25，DE＝30のとき，次の各問いに答えなさい。

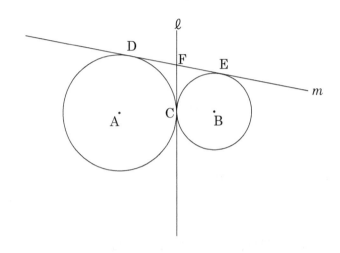

□　(1)　円Bの半径を求めなさい。

□　(2)　線分BFの長さを求めなさい。

□　(3)　△AFBの面積を求めなさい。

□　(4)　3点A，C，Dを通る円の面積を求めなさい。

▶ 解答・解説はP.66

1　次の各問いに答えなさい。

□　(1)　$\dfrac{1}{2+\sqrt{3}-\sqrt{7}}-\dfrac{1}{2+\sqrt{3}+\sqrt{7}}$ を計算しなさい。

□　(2)　$ab^2-ac^2+2ac-a$ を因数分解しなさい。

□　(3)　次の式のA, B, C, Dには, 1, 2, 3, 4の数が1つずつ入る。
　　　　$1 \times A + 8 \times B + 3 \times C + 9 \times D$
　　　　この計算の結果が最大となるとき, Cに入っている数を求めなさい。

2　次の各問いに答えなさい。

□　(1)　連立方程式 $\begin{cases} -x+5y=28 \\ ax-3y=-21 \end{cases}$ の解のx, yの値を入れかえると $\begin{cases} 5x+by=13 \\ 2x-7y=31 \end{cases}$ の解となる。このとき, 定数a, bの値を求めなさい。

□　(2)　2つの遊園地A, Bがあり, 2月の入園者数は同じだった。遊園地Aは3月の入園者数が2月に比べ50％増加し, 4月は3月に比べ4％減少した。また, 遊園地Bは2月から毎月x％ずつ入園者数が増加し, 2つの遊園地の4月の入園者数が再び同じになった。このとき, xの値を求めなさい。

□　(3)　$a=\dfrac{3-\sqrt{29}}{2}$, $b=\dfrac{3+\sqrt{29}}{2}$ のとき, $a^2+①b-②=0$が成り立つ。①, ②の値を求めなさい。ただし, ①, ②は整数である。

3　ある20人のグループの3ヵ月間で読んだ本の冊数を調査した。このグループの中の5人 A，B，C，D，Eが読んだ本の冊数は下の表のようになった。

5人A，B，C，D，Eが読んだ本の冊数の平均値は9(冊)，20人のグループ全体が読んだ本の冊数の平均値は12(冊)だった。このとき，次の各問いに答えなさい。

名前	A	B	C	D	E
読んだ本の冊数(冊)	$-2x+12$	8	$2x^2$	$-5x+21$	$-x^2+16$

□　(1)　5人A，B，C，D，E以外の15人が読んだ本の冊数の平均値を求めなさい。

□　(2)　5人A，B，C，D，Eのうちのある3人が読んだ本の冊数の平均値は20人のグループ全体が読んだ本の冊数の平均値と等しくなった。このとき，5人A，B，C，D，E の中央値を求めなさい。

4　1から100までの整数が書かれたカードが各1枚ずつ，全部で100枚ある。このカードの中から1枚取り出すとき，次の確率を求めなさい。

□　(1)　取り出されたカードの数字が2の倍数である確率

□　(2)　取り出されたカードの数字が3の倍数であり5の倍数でもある確率

□　(3)　取り出されたカードの数字が2の倍数ではなく3の倍数でもない確率

31

[5]　下の図のように，AB＝6，BC＝10，CA＝8である△ABCの3辺に円が接している。

△ABCと円が接する点をD，E，Fとし，点Dから辺ABに下ろした垂線の足をGとする。また，CGとEDとの交点をI，DFとの交点をHとする。このとき，次の各問いに答えなさい。

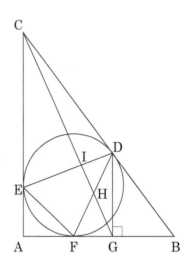

☐　(1)　BGの長さを求めなさい。

☐　(2)　CH：HGを求めなさい。

☐　(3)　△DIHの面積を求めなさい。

6 　底面が平行四辺形である四角すいA－BCDEがある。CD＝3，DE＝2，BD＝$\sqrt{7}$，四角すいの高さが4である。このとき，次の各問いに答えなさい。

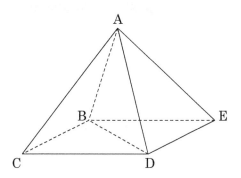

□ 　(1)　四角すいA－BCDEの体積を求めなさい。

□ 　(2)　AP：PD＝1：3，CQ：QD＝3：2，DR：RE＝1：1となるように，AD，CD，DE上に点P，Q，Rをとる。このとき，三角すいD－PQRの体積を求めなさい。

出 題 の 分 類

1 数と式　　　　　　　　4 図形と関数・グラフの融合問題

2 方程式, 不等式, 平面図形　5 確率

3 演算記号　　　　　　　6 空間図形

▶ 解答・解説はP.69

---

1 次の各問いに答えなさい。

□ (1) $\left\{\left(\dfrac{7}{2}\right)^3 \div \left(-0.25^2 - \dfrac{11}{20}\right) + 7\right\} \times \dfrac{2}{9}$ を計算しなさい。

□ (2) $(x+1)(y+1)=1$, $(x+2)(y+2)=5$ のとき, xyの値を求めなさい。

□ (3) $a+\dfrac{1}{a}=6$のとき, $2a^2-3a+5-\dfrac{3}{a}+\dfrac{2}{a^2}$ の値を求めなさい。

2 次の各問いに答えなさい。

□ (1) x, yは自然数とする。方程式$4x^2-9y^2=31$を満たすx, yの値をそれぞれ求めなさい。

□ (2) 2つの不等式$2x+7<15$…①, $7x-5>-26$…②を同時に満たす整数xの個数を求めなさい。

□ (3) 右の図のように, 中心O, 半径1の円に正三角形が内接している。さらに, その正三角形に円が内接し, その円に正三角形が内接している。円の影の部分の面積の和を求めなさい。

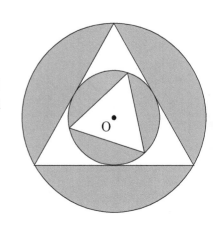

3　aを正の数とするとき，aを超えない最大の整数を$[a]$で表す。
　　（例）　$[2.3]＝2$　　　$[\sqrt{2}]＝1$
　　このとき，次の各問いに答えなさい。

□　(1)　$[\sqrt{5}]$の値を求めなさい。

□　(2)　$[\sqrt{2018}]$の値を求めなさい。

□　(3)　$\dfrac{[\sqrt{2018}]}{\sqrt{m}}$の値が自然数となるような自然数$m$の値はいくつあるか求めなさい。

4　右の図のように，関数$y＝ax^2(a＞0)$のグラフ上
に3点A，B，Cがある。また，点Oは原点で，点A
の座標は$(-2,\ 2)$である。直線OAと直線ABは点A
で垂直に交わり，直線OAと直線BCは平行であると
き，次の各問いに答えなさい。

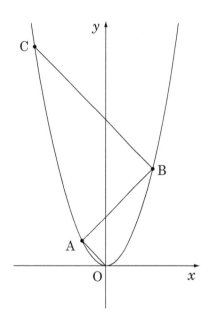

□　(1)　aの値を求めなさい。

□　(2)　直線ABの式を求めなさい。

□　(3)　点Cの座標を求めなさい。

□　(4)　△ABCの面積を求めなさい。

⑤　下の図を用いて，SからGへマス目を進むゲームを以下のルールにしたがって行う。

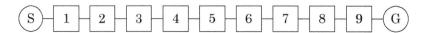

［ルール］
・さいころを投げて，出た目の数だけGへ向かってマス目を進む。
・Gにちょうど止まったとき，ゲームを終了する。
・Gで止まれない場合，Gで折り返してSへ向かってマス目を進む。
例えば，⑧の位置からさいころを投げて5の目が出た場合は，⑦の位置へ到達することになる。
そして，次にさいころを投げたときは，再びGへ向かってマス目を進む。

□　(1)　さいころを2回投げて，Gにちょうど止まる確率を求めなさい。

□　(2)　さいころを3回投げて，1度も折り返すことなくGにちょうど止まる確率を求めなさい。

□　(3)　さいころを3回投げて，Gにちょうど止まる確率を求めなさい。

6　底面が1辺6の正方形で高さが12の角柱の容器に水がいっぱい入れてある。この中に，底面が1辺6で高さが12の正四角すいを，底面を水平に保ちながら静かに頂点から沈めていく。このとき，次の各問いに答えなさい。

図1

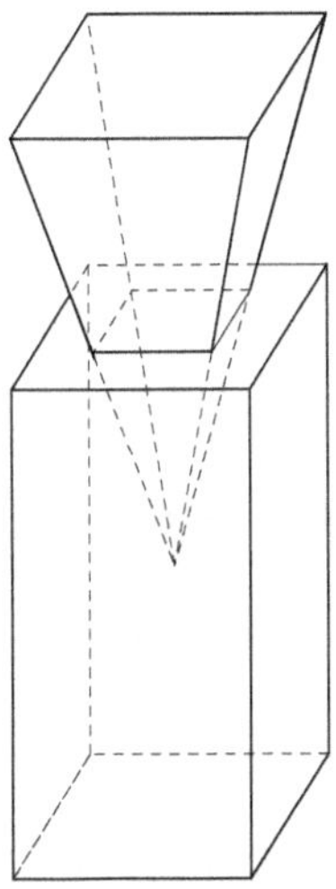

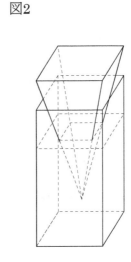

図2

□　(1)　図1のように，角すいの頂点を水面から深さ6だけ沈めたとき，あふれ出た水の体積を求めなさい。

□　(2)　角すいの頂点が，容器の底面に達してから，図2の状態まで角すいを引き上げると，水面の面積が容器の底面積の$\frac{3}{4}$になった。このときの容器内の水の深さを求めなさい。

37

出 題 の 分 類

① 数と式
② 場合の数，方程式
③ 確率

④ 平面図形
⑤ 空間図形

▶ 解 答 ・ 解 説 は P.72

時　　　間：５０分
目標点数：８０点

1回目	／100
2回目	／100
3回目	／100

① 次の各問いに答えなさい。

□ (1) $(x^2+6x)(x^2+6x+4)-32$ を因数分解しなさい。

(2) 2次方程式 $3x^2-8x-2=0$ について，次の各問いに答えなさい。

□ ① この2次方程式を解きなさい。

□ ② ①で求めた解のうち，正の解の小数部分を p とします。p の値を求めなさい。

□ ③ ②のとき，$27p^3+18p^2-12p-8$ の値を求めなさい。

② 次の各問いに答えなさい。

□ (1) 8段ある階段を，1段のぼりと2段のぼりを混ぜてのぼる方法は何通りあるか求めなさい。ただし，どちらか一方ののぼり方だけでもよいものとする。

□ (2) 容器Aに8％の食塩水が600g，容器Bに3％の食塩水が400g入っている。それぞれの容器から xg ずつ食塩水を取り，容器Aから取ったものを容器Bへ，容器Bから取ったものを容器Aへ入れると，A，Bの食塩水の濃度は等しくなる。このとき，x の値を求めなさい。

3 次の各問いに答えなさい。

□ （1） さいころを2回振るとき，1回目と2回目の出る目が異なる確率を求めなさい。

□ （2） さいころを3回振るとき，1回目と2回目の出る目が等しく，3回目の出る目が1回目，2回目と異なる確率を求めなさい。

□ （3） さいころを3回振るとき，1回目と2回目の出る目が等しく，3回目の出る目が1回目，2回目より小さい確率を求めなさい。

□ （4） さいころを3回振るとき，3回のうち2回の出る目が等しく，残る1回はそれら2回よりも小さい目が出る確率を求めなさい。

4 　下の図のように，1辺の長さが3の正方形ABCDがある。辺BC上に点PをBP＝2となる
ようにとり，頂点DがPに重なるように正方形ABCDを折り曲げ，折り目をQRとする。ま
た，頂点Aが移った点をS，RBとSPの交点をTとする。このとき，次の各問いに答えなさ
い。

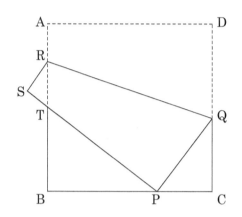

□　(1)　①　DQ＝xとすると，DQ＝PQである。xの値を求めなさい。

□　　　②　DQ：QCを最も簡単な整数の比で表しなさい。

□　(2)　△CPQと△BTPに着目して，線分PTの長さを求めなさい。

□　(3)　①　線分STの長さを求めなさい。

□　　　②　線分RSの長さを求めなさい。

□　(4)　四角形PQRTの面積を求めなさい。

5　下の図のように，すべての辺の長さが4cmの正四角すいO－ABCDがある。辺OA，OC上にそれぞれOE＝OF＝3cmとなる点E，Fをとる。3点B，E，Fを通る平面と辺ODとの交点をGとする。このとき，次の各問いに答えなさい。

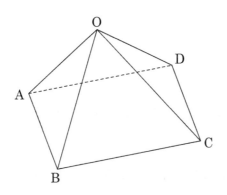

□　(1)　正四角すいO－ABCDの体積を求めなさい。

□　(2)　OGの長さを求めなさい。

□　(3)　正四角すいO－ABCDを3点B，E，Fを通る平面で切断して2つの立体に分けるとき，点Oを含む立体の体積を求めなさい。

出題の分類

①	数と式，確率	④	確率
②	演算記号	⑤	空間図形
③	図形と関数・グラフの融合問題		

▶ 解答・解説はP.75

時　　間：50分
目標点数：80点

1回目	／100
2回目	／100
3回目	／100

1 次の各問いに答えなさい。

□ (1) $\dfrac{1}{4\times5\times6}+\dfrac{1}{5\times6\times7}+\dfrac{1}{6\times7\times8}+\dfrac{1}{7\times8\times9}+\dfrac{1}{8\times9\times10}$ を計算しなさい。

□ (2) 2018以下の4で割ると3余り，かつ，5で割ると2余る自然数は全部で何個あるか求めなさい。

□ (3) 袋Aの中に赤玉と白玉が合計13個入っている。袋Bの中に赤玉2個，白玉4個の合計6個の玉が入っている。それぞれの袋の中から玉を1個ずつ取り出したときに玉の色が同じである確率が$\dfrac{23}{39}$であった。このとき，袋Aの中にはじめから入っていた赤玉の個数は全部で何個あるか求めなさい。

2 自然数nを素因数分解したとき，その中に含まれる素因数2の個数と素因数3の個数の和を$S(n)$で表す。ただし，自然数nが素因数2または3をもたないとき，$S(n)=0$とする。例えば，$S(20)=S(2^2\times5)=2$，$S(60)=S(2^2\times3\times5)=3$，$S(13)=0$である。このとき，次の各問いに答えなさい。

□ (1) $S(360)$を求めなさい。

□ (2) $S(n)=2$，$40\leqq n\leqq50$を満たす自然数nを小さいものから順に3つ求めなさい。

□ (3) $S(1\times2\times3\times4\times\cdots\cdots\times20)$を求めなさい。

□ (4) 自然数m, nについて，$\mathrm{S}(m)=5$，$\mathrm{S}(n)=7$のとき，$\mathrm{S}(m^2n)$を求めなさい。

$\boxed{3}$ 下の図の長方形ABCDについて，点Aは関数$y=x$のグラフ上にあり，点Cは関数$y=x^2$のグラフ上にある。また，辺ABとCDはy軸に平行で，辺BCとADはx軸に平行であり，これら4辺すべてが2つのグラフで固まれた部分の内側および周上にある。点Aのx座標をa，点Cのx座標をtとするとき，次の各問いに答えなさい。

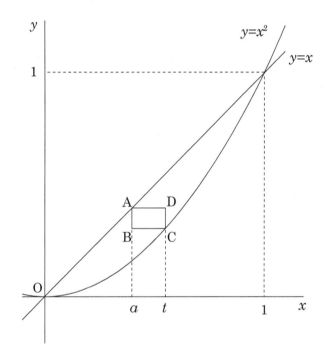

□ (1) 長方形ABCDの周の長さLはtの値のみで決まり，aの値は関係ないことを長さLを求めることにより簡単に説明しなさい。

□ (2) $a=\dfrac{1}{2}$で，四角形ABCDが正方形になるときのtの値を求めなさい。

4 右の図のような，9個の点A(1，1)，B(2，1)，C(3，1)，D(1，2)，E(2，2)，F(3，2)，G(1，3)，H(2，3)，I(3，3)について，次のような作業を一度行う。

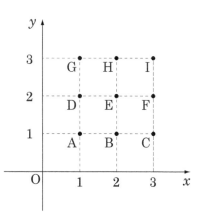

A，B，C，D，E，F，G，H，Iと書かれたカードがそれぞれ1枚ずつ，全部で9枚入っている袋からカードを1枚引く。そのカードに書かれた点の座標が$(a，b)$のとき，x座標がa以下でy座標がb以下である点をすべて○で囲む。

次に，カードを袋の中に戻して，袋からカードを1枚引く。そのカードに書かれた点の座標が$(c，d)$のとき，x座標がc以上でy座標がd以上である点のうち，○で囲まれていない点をすべて□で囲む。

例えば，最初にEのカードを引いたとき，図1のように4個の点を○で囲む。次にBのカードを引いたとき，図2のように4個の点を□で囲む。○でも□でも囲まれていない点は1個となる。このとき，次の各問いに答えなさい。

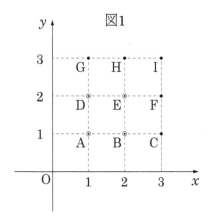

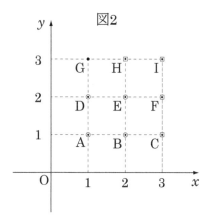

□ (1) ○で囲まれた点の個数が3個となる確率を求めなさい。

□ (2) □で囲まれた点の個数が3個となる確率を求めなさい。

□ (3) ○でも□でも囲まれていない点の個数が3個となる確率を求めなさい。

5　下の図のように，1辺が5cmの立方体ABCD−EFGHと平面Pがある。平面Pと対角線
　　AGは垂直であり，平面Pに対して上側から垂直に光が当たっている。このとき，次の各
　　問いに答えなさい。

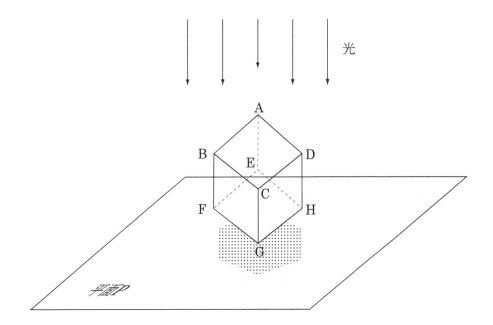

□　（1）　対角線AGの長さを求めなさい。

□　（2）　点Bから対角線AGに垂線BIをひくとき，BIの長さを求めなさい。

□　（3）　平面P上にできる立方体の影の面積を求めなさい。

解 答

1 (1) -4　　(2) $\dfrac{2a^3}{b^5}$　　(3) $2(x-2)(x+1)$　　(4) $-\dfrac{\sqrt{2}}{8}$

2 (1) $x=6,\ y=2$　　(2) $a\ +,\ b\ -,\ c\ -,\ d\ +,\ e\ -$

　　(3) 8個　　(4) $a=0,\ \dfrac{5}{3}$

3 (1) $a=4$　　(2) 12　　(3) $y=7x$

4 (1) $117°$　　(2) $27°$　　(3) 12

5 (1) 36cm^3　　(2) $9:4$　　(3) 16cm^3　　(4) $\dfrac{8\sqrt{11}}{11}\text{cm}$

配点　1・2 各5点×8(2(1)完答)　　3〜5 各6点×10　　計100点

解 説

1 （式の計算，展開，式の値）

(1) $-2^4\times(-2)^4\div(-2^3)^2=-\dfrac{2^4\times2^4}{2^6}=-2^2=-4$

(2) $\left(\dfrac{a^3}{b^2}\right)^3\div\left(\dfrac{1}{2}a^3b\right)^2\times\dfrac{b^3}{2}=\dfrac{a^9}{b^6}\div\dfrac{a^6b^2}{4}\times\dfrac{b^3}{2}=\dfrac{a^9}{b^6}\times\dfrac{4}{a^6b^2}\times\dfrac{b^3}{2}=\dfrac{2a^3}{b^5}$

(3) $x-2=$Aとおくと，$3x(x-2)-(x-2)^2=3x$A$-$A$^2=$A$(3x-$A$)$　　Aをもとに戻して，

$(x-2)\{3x-(x-2)\}=(x-2)(2x+2)=2(x-2)(x+1)$

(4) $x^2y-xy^2=xy(x-y)=\dfrac{\sqrt{6}-\sqrt{2}}{4}\times\dfrac{\sqrt{6}+\sqrt{2}}{4}\times\left(\dfrac{\sqrt{6}-\sqrt{2}}{4}-\dfrac{\sqrt{6}+\sqrt{2}}{4}\right)=\dfrac{6-2}{16}\times\left(-\dfrac{\sqrt{2}}{2}\right)$

$=-\dfrac{\sqrt{2}}{8}$

2 （連立方程式，整数，平方根）

(1) $5x-8y=14\cdots$①，$\dfrac{3}{x}=\dfrac{1}{y}$より，$x=3y\cdots$②　　②を①に代入して，$5\times3y-8y=14$

$7y=14$　　$y=2$　　これを②に代入して，$x=6$

(2) $a\times b\times c\times d\times e<0\cdots$①，$a\times c\times e>0\cdots$②，$a-c>0\cdots$③，$b<d\cdots$④，$b-e>0\cdots$⑤

①，②より，$b\times d<0$　　これと④より，bは負，dは正となる。⑤より，$b>e$だから，eは

負となる。　　よって，②より，$a\times c<0$　　③より，$a>c$だから，aは正，cは負と決まる。

(3) $\dfrac{1}{5}<\dfrac{1}{\sqrt{n}}<\dfrac{1}{4}$より，$4<\sqrt{n}<5$　　$16<n<25$　　よって，これを満たす自然数nは，17，

18，……，24の8個。

(4) $y=x+6\cdots$① $y=x^2\cdots$② ①と②からyを消去すると，$x^2=x+6$ $x^2-x-6=0$ $(x+2)(x-3)=0$ $x=-2$，3 これを①に代入して，$y=-2+6=4$，$y=3+6=9$ よって，①と②の交点の座標は，$(-2，4)$，$(3，9)$ これを$y=ax+4$に代入して，$4=-2a+4$ $2a=4-4=0$ $a=0$ $9=3a+4$ $3a=5$ $a=\dfrac{5}{3}$

$\boxed{3}$ （直線の式，面積）

(1) 点Aは，放物線$y=\dfrac{1}{2}x^2$と直線$y=x$の交点であるから，$\dfrac{1}{2}x^2=x$ $x^2-2x=0$ $x(x-2)=0$ $x=0$，2 よって，点Aは$(2，2)$である。直線$y=-x+a$は点Aを通るから，$2=-2+a$ $a=4$

(2) 点Bは，放物線$y=\dfrac{1}{2}x^2$と直線$y=-x+4$の交点であるから，$\dfrac{1}{2}x^2=-x+4$ $x^2+2x-8=0$ $(x-2)(x+4)=0$ $x=2$，-4 よって，点Bは$(-4，8)$である。直線$y=-x+4$は，$(0，4)$でy軸と交わるから，$\triangle OAB=4\times(2+4)\times\dfrac{1}{2}=12$

(3) 直線$y=x$に平行な直線は$y=x+b$と表され，これが点B$(-4，8)$を通ることから，$8=-4+b$ $b=12$ また，点Cは放物線$y=\dfrac{1}{2}x^2$と直線$y=x+12$の交点であるから，$\dfrac{1}{2}x^2=x+12$ $x^2-2x-24=0$ $(x+4)(x-6)=0$ $x=-4$，6 よって，点Cは$(6，18)$である。また，点Aを通り，y軸に平行な直線は，$y=x+12$と点$(2，14)$で交わるから，$\triangle ABC=(14-2)\times(6+4)\times\dfrac{1}{2}=12\times10\times\dfrac{1}{2}=60$ したがって，(2)と合わせて，四角形OACBの面積は，$12+60=72$である。原点を通り，四角形OACBの面積を2等分する直線が，直線$y=x+12$と交わる点をDとすると，$\triangle OBD$の面積は，$72\times\dfrac{1}{2}=36$になればよい。したがって，Dのx座標をdとすると，$12\times(4+d)\times\dfrac{1}{2}=36$ $d=2$より，点Dは$(2，14)$である。よって，求める直線の式は，$y=7x$

$\boxed{4}$ （角度，円周角，面積）

(1) $\angle ABD=\angle CBD=a$，$\angle ACD=\angle BCD=b$とおくと，$\triangle ABC$の内角の和より，$54°+2a+2b=180°$ $2(a+b)=126°$ $a+b=63°$ $\triangle BCD$の内角の和より，$\angle BDC=180°-(a+b)=180°-63°=117°$

(2) 弦BCをひくと，BEは直径なので，$\angle BCE=90°$ $\triangle BCE$の内角の和が180°だから，$\angle CBD=180°-(29°+34°+90°)=27°$ $\overset{\frown}{CD}$に対する円周角なので，$\angle CAD=\angle CBD=27°$

(3) $AB=a$，$BC=b$，$CA=c$とすると，$\triangle ABC=\dfrac{1}{2}ab=12\cdots$① ACは直径だから，$\angle ABC=90°$より，$a^2+b^2=c^2\cdots$② 斜線部分の面積の和は，$\pi\times\left(\dfrac{a}{2}\right)^2\times\dfrac{1}{2}+\dfrac{1}{2}ab+\pi\times\left(\dfrac{b}{2}\right)^2\times\dfrac{1}{2}-\pi\times\left(\dfrac{c}{2}\right)^2\times\dfrac{1}{2}=\dfrac{\pi}{8}(a^2+b^2-c^2)+\dfrac{1}{2}ab$ ①，②を代入して，斜線部分の面積の和は12

5 （体積，面積比，垂線）

(1) $\dfrac{1}{3}\times 6\times 6\times \dfrac{1}{2}\times 6=36\,(\mathrm{cm}^3)$

(2) $\triangle\mathrm{AEC}=\dfrac{\mathrm{AE}}{\mathrm{AB}}\times\triangle\mathrm{ABC}=\dfrac{2}{3}\triangle\mathrm{ABC}$　　$\triangle\mathrm{CEF}=\dfrac{\mathrm{FC}}{\mathrm{AC}}\times\triangle\mathrm{AEC}=\dfrac{2}{3}\triangle\mathrm{AEC}=\dfrac{2}{3}\times\dfrac{2}{3}\triangle\mathrm{ABC}$

$=\dfrac{4}{9}\triangle\mathrm{ABC}$　　よって，$\triangle\mathrm{ABC}:\triangle\mathrm{CEF}=1:\dfrac{4}{9}=9:4$

(3) 立体F－CDE＝（三角すいABCD）－（三角すいD－AEF）－（三角すいE－BCD）で求められ

る。三角すいD－AEFの体積は，$\dfrac{1}{3}\times\triangle\mathrm{AEF}\times\mathrm{DB}=\dfrac{1}{3}\times\left(\dfrac{\mathrm{AE}}{\mathrm{AB}}\times\dfrac{\mathrm{AF}}{\mathrm{AC}}\times\triangle\mathrm{ABC}\right)\times 6=\dfrac{1}{3}\times\dfrac{2}{3}$

$\times\dfrac{1}{3}\times 6\times 6\times\dfrac{1}{2}\times 6=8\,(\mathrm{cm}^3)$　　三角すいE－BCDの体積は，$\dfrac{1}{3}\times\triangle\mathrm{BCD}\times\mathrm{EB}=\dfrac{1}{3}\times 6\times 6$

$\times\dfrac{1}{2}\times 2=12\,(\mathrm{cm}^3)$　　よって，立体F－CDEの体積は，$36-8-12=16\,(\mathrm{cm}^3)$

(4) △ECDで三平方の定理より，$\mathrm{EC}=\sqrt{2^2+6^2}=2\sqrt{10}$

$(\mathrm{cm})=\mathrm{ED}$　$\mathrm{CD}=\sqrt{2}\,\mathrm{BC}=6\sqrt{2}$　　右の図で頂点Eか

ら辺CDに垂線EHをひくと，$\mathrm{CH}=\dfrac{1}{2}\mathrm{CD}=3\sqrt{2}$

△ECHで三平方の定理より，$\mathrm{EH}=\sqrt{(2\sqrt{10})^2-(3\sqrt{2})^2}$

$=\sqrt{22}\,(\mathrm{cm})$　　よって，$\triangle\mathrm{ECD}=6\sqrt{2}\times\sqrt{22}\times\dfrac{1}{2}=$

$6\sqrt{11}\,(\mathrm{cm}^2)$　　求める垂線の長さを$x$cmとして立体F－

CDEの体積について方程式を立てると，$\dfrac{1}{3}\times\triangle\mathrm{ECD}\times$

$x=16$　　$\dfrac{1}{3}\times 6\sqrt{11}\times x=16$　　$x=\dfrac{8}{\sqrt{11}}=\dfrac{8\sqrt{11}}{11}\,(\mathrm{cm})$

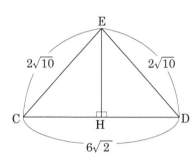

面積を二等分する直線の式について考えてみよう。

---

③(3)を本文解説とは異なる方法で点Dのx座標を求めながら，座標
平面上の線分について考えてみよう。右図で，A(2, 2)，B(−4, 8)，
C(6, 18)のとき，線分OAの長さは，点Aからx軸に垂線をひいて
直角三角形を作ることで求められる。$\mathrm{OA}=\sqrt{2^2+2^2}=2\sqrt{2}$
線分BCの長さは，点Bを通るx軸に平行な直線と，点Cを通るy軸に
平行な直線をひいて直角三角形を作って求めると，
$\mathrm{BC}=\sqrt{\{6-(-4)\}^2+(18-8)^2}=10\sqrt{2}$　　また，OAとBCの傾きは等
しく平行であるから，四角形OACBは台形である。

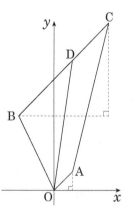

原点を通る四角形OACBの面積を2等分する直線とBCとの交点をD
とすると，台形OACDと△ODBの面積が等しくなる。その2つの図形は，OA，BD，DCを
底辺とすると高さが等しいから，（OA＋DC）＝BDのときに面積が等しくなる。OA＋BC
$=12\sqrt{2}$だから，$\mathrm{BD}=6\sqrt{2}$のときである。よって，点DはBCを6：4＝3：2に分ける点であ
る。点Dのx座標をdとすると，同じ直線上や平行な直線上の線分の比は，線分の両端の
x座標（またはy座標）の差の比で求められるので，$\{d-(-4)\}:(6-d)=3:2$から，$d=2$

解　答

$\boxed{1}$ (1) $\dfrac{\sqrt{3}}{10}$　(2) $-\dfrac{2}{3}x^3y^3$　(3) 24　(4) 6

$\boxed{2}$ (1) $x=\dfrac{1}{2}$, 3　(2) $x=7$, $y=5$　(3) $x=6$, $y=3$　(4) 12

$\boxed{3}$ (1) AC$=2\sqrt{5}$　(2) $2:3$　(3) $\angle x=64°$

$\boxed{4}$ (1) $y=3x$　(2) $a=\dfrac{3}{5}$　(3) D$(0,\ 24)$

$\boxed{5}$ (1) $2:1$　(2) $\dfrac{8\sqrt{2}}{3}$　(3) $\dfrac{32}{9}$

配点　$\boxed{1}$ 各5点×4　$\boxed{2}$ (1)〜(3)　各6点×3((1)〜(3)各完答)　(4) 5点
$\boxed{3}$ (1)・(3) 各6点×2　(2) 7点　$\boxed{4}$ (1)・(2) 各6点×2　(3) 7点
$\boxed{5}$ (1)・(2) 各6点×2　(3) 7点　計100点

解　説

$\boxed{1}$ (式の計算，展開，式の値)

(1) $\sqrt{\dfrac{675}{10000}}-\dfrac{3}{20\sqrt{3}}=\sqrt{\dfrac{27}{400}}-\dfrac{3\sqrt{3}}{20\times3}=\dfrac{3\sqrt{3}}{20}-\dfrac{\sqrt{3}}{20}=\dfrac{\sqrt{3}}{10}$

(2) $\dfrac{2}{27}x^4y^2\div\left(-\dfrac{2}{3}xy\right)^2\times(-4xy^3)=\dfrac{2x^4y^2}{27}\times\dfrac{9}{4x^2y^2}\times(-4xy^3)=-\dfrac{2}{3}x^3y^3$

(3) $(2x+y)^2=4x^2+4xy+y^2$　$(4x^2+4xy+y^2)^2=(4x^2+4xy)^2+2y^2(4x^2+4xy)+y^4$
　　よって，x^2y^2の係数は，$4^2+2\times4=16+8=24$

(4) $5<\sqrt{31}<6$より，$a=\sqrt{31}-5$　$a^2+10a=a(a+10)=(\sqrt{31}-5)(\sqrt{31}-5+10)=(\sqrt{31}-5)(\sqrt{31}+5)=31-25=6$

$\boxed{2}$ (連立方程式，魔法陣，倍数)

(1) $3:2x=(x+1):(3x-1)$　$2x(x+1)=3(3x-1)$　$2x^2+2x=9x-3$　$2x^2+2x-9x+3=0$　$2x^2-7x+3=0$　$(2x-1)(x-3)=0$　$x=\dfrac{1}{2}$, 3

(2) $(x+3):y=2:1$より，$x+3=2y$　$x-2y=-3\cdots①$　$6-\dfrac{x-2y}{3}=x$より，$18-x+2y=3x$　$4x-2y=18\cdots②$　$①-②$より，$-3x=-21$　$x=7$　これを①に代入して，$7-2y=-3$　$y=5$

(3) 左の縦に並ぶ数の和は$x+y+3$，下の横に並ぶ数の和は$x+6$，右斜め下に並ぶ数の和は$y+9$で，このどれもが等しいので$x+y+3=x+6=y+9$となる。$x+y+3=y+9$として解くと，$x=6$　　$x+y+3=x+6$として解くと，$y=3$　　よって，$x=6$，$y=3$

(4) $1×2×3×……×49×50$の中に因数としての5が何個含まれているかを考える。$50÷5=10$なので，50までの中に5の倍数が10個あり，$5^2=25$の倍数は$50÷25=2$なので2個ある。よって，$1×2×3×……×49×50$の中に因数としての5が12個含まれるので，$n=12$

$\boxed{3}$ （長さ，線分の比，角度）

(1) $AB:AC=BD:DC=3:2$より，$AB=3x$，$AC=2x$とおく。△ABCで三平方の定理より，$(3x)^2=(2x)^2+5^2$　　$9x^2=4x^2+25$　　$5x^2=25$　　$x^2=5$　　$x>0$より，$x=\sqrt{5}$　　$AC=2x=2×\sqrt{5}=2\sqrt{5}$

(2) AEとBF，CDの交点をGとする。$AD:DB=2:1$より△AGC：△BGC$=2:1$　　△BGC$=S$とおくと△AGC$=2S$　　$AF:FC=4:3$より△AGF$=$△AGC$×\dfrac{AF}{AC}=2S×\dfrac{4}{7}=\dfrac{8}{7}S$　　△CGF$=$△AGC$×\dfrac{FC}{AC}=2S×\dfrac{3}{7}=\dfrac{6}{7}S$　　$FG:GB=$△CGF：△BGC$=\dfrac{6}{7}S:S=6:7$　　△ABG$=$△AGF$×\dfrac{GB}{FG}=\dfrac{8}{7}S×\dfrac{7}{6}=\dfrac{4}{3}S$　　$BE:EC=$△ABG：△AGC$=\dfrac{4}{3}S:2S=2:3$

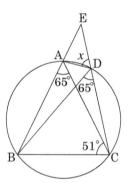

(3) 右の図のようにA～Eをとると，$∠BAC=∠BDC$だから，4点A，B，C，Dは同一円周上にある。よって，$\overset{\frown}{AB}$の円周角だから，$∠ADB=∠ACB=51°$より，$∠x=180°-51°-65°=64°$

$\boxed{4}$ （直線の式，面積）

(1) $y=-x^2$に$y=-9$を代入して，$-9=-x^2$　　$x^2=9$　　$x=±3$　　よって，$B(-3, -9)$　　直線ℓの式を$y=bx$とおくと，点Bを通るから，$-9=b×(-3)$　　$b=3$　　よって，$y=3x$

(2) $y=3x$に$x=5$を代入して，$y=15$　　よって，$A(5, 15)$　　$y=ax^2$は点Aを通るから，$15=a×5^2$　　$a=\dfrac{3}{5}$

(3) △ABC$=\dfrac{1}{2}×BC×AC=\dfrac{1}{2}×(5+3)×(15+9)=96$　　点Dのy座標をdとすると，$OD=d$　　△ABD$=$△OAD$+$△OBD$=\dfrac{1}{2}×d×5+\dfrac{1}{2}×d×3=4d$　　よって，$4d=96$　　$d=24$　　したがって，$D(0, 24)$

第1回
第2回
第3回
第4回
第5回
第6回
第7回
第8回
第9回
第10回
解答用紙
公式集

5 （線分の比，長さ，体積）

(1) 正四角すいO−ABCDの高さをOIとすると，Iは線分ACとBDとの交点である。5点O，A，E，G，Cは同一平面上にあるから，2点P，Qも線分AC上にある。OI//AEより，OP：PE＝OI：AE＝4：2＝2：1

(2) IP：PA＝OI：AE＝2：1　　同様にして，IQ：QC＝2：1　　よって，PQ：AC＝(2＋2)：(1＋2＋2＋1)＝2：3　　ACは1辺の長さが4の正方形の対角線だから，$PQ＝\frac{2}{3}AC＝\frac{2}{3}×4\sqrt{2}＝＝\frac{8\sqrt{2}}{3}$

(3) 三角すい$BFPQ＝\frac{1}{3}×△BPQ×BF$　　ここで，△BPQ：△BAC＝PQ：AC＝2：3　よって，$△BPQ＝\frac{2}{3}△BAC＝\frac{2}{3}×\frac{1}{2}×4^2＝\frac{16}{3}$　　したがって，三角すいBFPQの体積は，$\frac{1}{3}×\frac{16}{3}×2＝\frac{32}{9}$

平行線と線分の比について考えてみよう。

右図は，平行四辺形ABCDの辺BC上にBE：CE＝4：5となる点Eを，辺CD上にCF：DF＝2：3となる点Fをとり，線分AE，AFと対角線BDとの交点をそれぞれG，Hとしたものである。このとき，BG：GH：HDをどうやって求めていくかを考えてみよう。

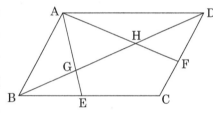

平行線と線分の比の関係から，BG：DG＝BE：DA＝4：9であることがわかる。また，BH：DH＝AB：FD＝5：3であることもわかる。

これからどう考えていこうか？

BG，DG，BH，DHがそれぞれBDの何分のいくつかを求めていくと考えやすい。

$BG＝\frac{4}{13}BD$，$DG＝\frac{9}{13}BD$，$BH＝\frac{5}{8}BD$，$DH＝\frac{3}{8}BD$　　GHはBH−BGまたはDG−DHで求めることができる。$GH＝BH−BG＝\frac{5}{8}BD−\frac{4}{13}BD＝\frac{33}{104}BD$　　したがって，BG：GH：HD$＝\frac{4}{13}BD：\frac{33}{104}BD：\frac{3}{8}BD＝\frac{32}{104}BD：\frac{33}{104}BD：\frac{39}{104}BD＝32：33：39$

解 答

1 (1) 90000　(2) $(5a+b)(a+3b)$　(3) $4\sqrt{5}+4\sqrt{3}$　(4) 72

2 (1) $x=2,\ y=-1$　(2) $12\sqrt{2}$　(3) 小学生54人，中学生36人，高校
生24人　(4) $z=72$

3 (1) $\dfrac{400}{3}\pi$ (cm²)　(2) $k=2\sqrt{17}$　(3) $4\sqrt{10}$ (cm)

4 (1) A$(-1,\ 1)$　B$(2,\ 4)$　(2) Q$\left(\dfrac{3}{2},\ \dfrac{7}{2}\right)$　(3) P$\left(\dfrac{1}{2},\ \dfrac{1}{4}\right)$

(4) $\dfrac{99}{16}\pi$

5 (1) 36　(2) $1+\sqrt{5}$　(3) $3-\sqrt{5}$

配点　1 各4点×4　2 (3) 各2点×3　他 各5点×3　3 各5点×3
4 (1) 各3点×2　他 各7点×3　5 各7点×3　計100点

解 説

1 (式の計算，因数分解，式の計算，式の値，平方根)

(1) $196^2-104^2-46^2+254^2=196^2-46^2+254^2-104^2=(196+46)\times(196-46)+(254+104)$
$\times(254-104)=242\times150+358\times150=(242+358)\times150=600\times150=90000$

(2) X$=3a+2b$，Y$=2a-b$とすると，$(3a+2b)^2-(2a-b)^2=$X$^2-$Y$^2=($X$+$Y$)($X$-$Y$)=$
$\{(3a+2b)+(2a-b)\}\{(3a+2b)-(2a-b)\}=(3a+2b+2a-b)(3a+2b-2a+b)=(5a+$
$b)(a+3b)$

(3) $a^2-b^2=(a+b)(a-b)=\{(\sqrt{5}+\sqrt{3}+1)+(\sqrt{5}+\sqrt{3}-1)\}\{(\sqrt{5}+\sqrt{3}+1)-(\sqrt{5}+$
$\sqrt{3}-1)\}=(2\sqrt{5}+2\sqrt{3})\times2=4\sqrt{5}+4\sqrt{3}$

(4) $216<225$から，$\sqrt{216}<15$　　$216-a=14^2$　　$a=216-196=20$　　$216-a=13^2$
$a=216-169=47$　　$216-a=12^2$　　$a=216-144=72$　　$a=72=9\times8$　　よって，a
の値は72

2 (連立方程式，二次方程式，比例)

(1) $5x+\dfrac{2}{y}=8\cdots$①，$2x+\dfrac{3}{y}=1\cdots$②　　①×3－②×2より，$11x=22$　　$x=2$　　これを②

に代入して，$4+\dfrac{3}{y}=1$　　$\dfrac{3}{y}=-3$　　$y=-1$

(2)　$x=a$, bを解とする2次方程式は，$(x-a)(x-b)=0$　　$x^2-(a+b)x+ab=0$　　もと
の方程式の係数と比べて，$a+b=-6$, $ab=7$　　また，$(a-b)^2=(a+b)^2-4ab=(-6)^2$
$-4\times7=36-28=8$　　$a<b$より，$a-b=-2\sqrt{2}$　　よって，$a^2-b^2=(a+b)(a-b)=$
$-6\times(-2\sqrt{2})=12\sqrt{2}$

(3)　小学生の人数を$9x$人とすると，高校生の人数は$4x$人と表される。中学生の人数をy人
とすれば，入場者数について，$9x+y+4x=114$　　$13x+y=114\cdots$①　　入場料につい
て，$250\times9x+400y+600\times4x=4650x+400y=42300\cdots$②　　①$\times400-$②から，$550x=$
3300　　$x=6$　　したがって，小学生は$9\times6=54$(人)，中学生は，$13\times6+y=114$から，
36人　　高校生は，$4\times6=24$(人)

(4)　$y=ax$, $z=by^2$とおくと，$z=b(ax)^2=a^2bx^2=kx^2$　　これに$x=\dfrac{1}{3}$, $z=2$を代入して，
$2=k\times\left(\dfrac{1}{3}\right)^2$　　$k=18$　　$z=18x^2$に$x=-2$を代入して，$z=18\times(-2)^2=72$

3　(表面積，展開図，中心角)

(1)　右図は，この立体を円すいの頂点と底面の円の直径を通る平面で
切ったときの断面を示している。点Cは球の断面の円と円すいの母線
との接点であり，円の接線は接点を通る半径に垂直なので，$\angle\mathrm{OCP}$
$=90°$　　△OCPと△OQBは2組の角がそれぞれ等しいので相似であ
り，$\mathrm{OP:OB=PC:BQ}$　　つまり，$\mathrm{OP:PC=OB:BQ}$　　△OQB
で三平方の定理を用いると，$\mathrm{OQ}=\sqrt{\mathrm{OB}^2-\mathrm{BQ}^2}=\sqrt{300}=10\sqrt{3}$　　球の半径をxとすると，

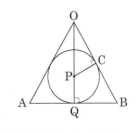

$\mathrm{PC=PQ}=x$　　$\mathrm{OP}=10\sqrt{3}-x$　　よって，$(10\sqrt{3}-x):x=20:10=2:1$
$2x=10\sqrt{3}-x$　　$3x=10\sqrt{3}$　　$x=\dfrac{10\sqrt{3}}{3}$　　半径rの球の表面
積は$4\pi r^2$で求められるので，この球の表面積は，$4\times\pi\times\left(\dfrac{10\sqrt{3}}{3}\right)^2$
$=\dfrac{400}{3}\pi$ (cm²)

(2)　kの値が最小になるのは，右の展開図上で，M, P, Q, R, S,
N′が一直線上に並ぶときである。$k=\mathrm{MN'}=\sqrt{\mathrm{MN}^2+\mathrm{NN'}^2}=$
$\sqrt{2^2+8^2}=\sqrt{68}=2\sqrt{17}$

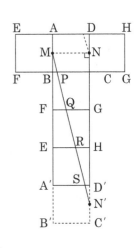

(3)　側面のおうぎ形の中心角は，$360°\times\dfrac{2\pi\times3}{2\pi\times12}=90°$　　$\mathrm{OB}=12$
$\times\dfrac{1}{3}=4$　　求める長さは，直角を挟む2辺が4cm，12cmの直角三
角形の斜辺の長さになるから，$\sqrt{4^2+12^2}=\sqrt{160}=4\sqrt{10}$(cm)

4　(座標，面積)

(1) $y=x^2$と$y=x+2$の交点が点A，Bなので連立方程式を立てると，$x^2=x+2$　　x^2-x-2 $=0$　　$(x-2)(x+1)=0$　　$x=2$，-1　　点Aのx座標が$x=-1$のとき，$y=x^2$に代入して，$y=1$　　したがって，点Aの座標は$(-1,1)$　　点Bのx座標が$x=2$のとき，$y=4$ したがって，点Bの座標は$(2,4)$

(2) $y=x+2$上に点Qがあり，その座標を$(q,q+2)$とおく。$y=x+2$とy軸との交点をCとするとき，$\triangle AOQ=\triangle AOC+\triangle QOC$　　点A，Qからy軸に垂線をひき，その交点をそれぞれD，Eとすると，$\triangle AOC=1\times2\times\dfrac{1}{2}=1$　　$\triangle QOC=q\times2\times\dfrac{1}{2}=q$　　$\triangle AOQ=\dfrac{5}{2}$となることから，$1+q=\dfrac{5}{2}$が成り立つ。したがって，$q=\dfrac{3}{2}$となるので，Qの$y$座標は$q+2=\dfrac{3}{2}+2=$ $\dfrac{7}{2}$　　よって，点Qの座標は$\left(\dfrac{3}{2},\dfrac{7}{2}\right)$

(3) y軸上に$\triangle AFB$が$\dfrac{27}{8}$となるような点Fをとる。$\triangle AFB=\triangle ACF+\triangle BCF=1\times CF\times\dfrac{1}{2}+2$ $\times CF\times\dfrac{1}{2}=\dfrac{27}{8}$より，$\dfrac{3}{2}CF=\dfrac{27}{8}$となり，$CF=\dfrac{9}{4}$　　したがって，点Fのy座標は$2-\dfrac{9}{4}=-\dfrac{1}{4}$ 点Fを通り，直線ABと平行な直線と$y=x^2$の交点が等積変形により点Pとなる。$x^2=x-\dfrac{1}{4}$ $x^2-x+\dfrac{1}{4}=0$　　$4x^2-4x+1=0$　　$(2x-1)^2=0$　　$2x-1=0$　　$x=\dfrac{1}{2}$　　よって，点P の座標は$\left(\dfrac{1}{2},\dfrac{1}{4}\right)$

(4) 点Qのx座標は$\dfrac{1}{2}$なので，$y=x+2$に代入すると，$y=\dfrac{1}{2}+2=\dfrac{5}{2}$　　線分PQが通過してできる図形の面積は，半径がQOである円の面積から半径がPOである円の面積を引けばよい。点P，Qからx軸に垂線をひき，その交点をGとするとき，$\triangle OGQ$で三平方の定理を用いると，$QO^2=GO^2+GQ^2=\left(\dfrac{1}{2}\right)^2+\left(\dfrac{5}{2}\right)^2=\dfrac{1}{4}+\dfrac{25}{4}=\dfrac{13}{2}$　　$\triangle OGP$で，三平方の定理を用いると，$PO^2=GO^2+GP^2=\left(\dfrac{1}{2}\right)^2+\left(\dfrac{1}{4}\right)^2=\dfrac{1}{4}+\dfrac{1}{16}=\dfrac{5}{16}$　　$QO^2\times\pi-PO^2\times\pi=\dfrac{13}{2}\pi-\dfrac{5}{16}\pi=$ $\dfrac{104}{16}\pi-\dfrac{5}{16}\pi=\dfrac{99}{16}\pi$

5　(外接円，角度，長さ)

(1) AD＝CD＝2より，$\triangle DAC$は二等辺三角形なので底角は等しい。$\angle ACD=a$とおくと，$\angle CAD=a$　　外角の定理より，$\angle ADB=\angle ACD+\angle CAD=2a$　　AB＝ AD＝2より，$\triangle ABD$は二等辺三角形なので底角は等しく，$\angle ABD=\angle ADB=2a$　　AC＝BCより，$\triangle ABC$は二等辺三角形なので底角は等しく，$\angle CAB=\angle CBA=$ $2a$　　$\angle DAB=\angle CAB-\angle CAD=2a-a=a$でもある。

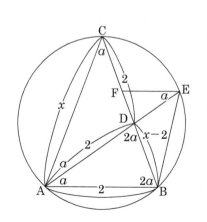

△CABの内角の和より， ∠ACB＋∠CAB＋∠CBA＝a＋$2a$＋$2a$＝$5a$＝180　　　a＝36

(2)　AC＝BC＝xとすると，BD＝x－2　　　△CABと△ABDは内角の大きさが等しい二等辺三角形なので相似である。よって，CA：AB＝AB：BD　　　x：2＝2：$(x-2)$　　　$x(x-2)$＝4
x^2-2x＝4　　　左辺を平方の形にするために両辺に1を加えて，x^2-2x+1＝5　　　$(x-1)^2$＝5
$x-1$＝$\pm\sqrt{5}$　　　0＜x＜2なので，x＝AC＝1＋$\sqrt{5}$

(3)　弦BEをひくと，$\overset{\frown}{CE}$に対する円周角なので，∠DBE＝∠CAE＝∠ACB　　　$\overset{\frown}{AB}$に対する円周角なので，∠DEB＝∠ACB　　　よって，∠DBE＝∠DEB　　　△DEBは2角が等しいので二等辺三角形である。よって，DE＝DB＝BC－DC＝1＋$\sqrt{5}$－2＝$\sqrt{5}$－1　　　EF//ABなので，平行線と線分の比の関係から，DF：DB＝DE：DA　　　よって，DF：$(\sqrt{5}-1)$＝$(\sqrt{5}-1)$：2
DF＝$\dfrac{(\sqrt{5}-1)^2}{2}$＝$\dfrac{6-2\sqrt{5}}{2}$＝3－$\sqrt{5}$

並べ方の数について考えてみよう。

A，B，C，D，E，F，Gの7文字の並べ方の数については，最初に使う文字として7通りがあり，そのそれぞれについて，2番目に使う文字として6通りずつがある。それらに対して，3番目に使う文字が5通りずつあり，……と考えていくと，7×6×5×4×3×2×1として求められる。では，A，A，A，B，C，D，Eの7文字の並べ方の数はどうやって求めていけばよいだろうか？　3個の同じ文字Aを，A_1，A_2，A_3と区別してみよう。すると，A_1，A_2，A_3，B，C，D，Eの異なる7個の文字の並べ方になるので，7×6×5×4×3×2×1通りとなる。その中には，$A_1A_2A_3$BCDE，$A_1A_3A_2$BCDE，$A_2A_1A_3$BCDE，$A_2A_3A_1$BCDE，$A_3A_1A_2$BCDE，$A_3A_2A_1$BCDEがあるが，これらはAを区別しなければAAABCDEとなって1通りと数えることになる。ABACDAEのようにAがどの位置にきたときも，A_1，A_2，A_3と区別すると6通りなのだが，区別しないときには1通りとなる。この6という数は，A_1，A_2，A_3の異なる3個の文字の並べ方の数なので3×2×1として求められる。したがって，A，A，A，B，C，D，Eの7文字の並べ方の数は，$\dfrac{7\times6\times5\times4\times3\times2\times1}{3\times2\times1}$となる。

A，B，C，D，E，F，Gの7文字から3文字を取り出して並べる並べ方の数は，7×6×5で求められる。
では，A，B，C，D，E，F，Gの7文字から3文字を選び出す選び方の数はどうだろう？
3文字を選んで並べるときは，ABC，ACB，BAC，BCA，CAB，CBAは異なる並べ方なので6通りある。ところが，「選び出す選び方」となると，これらのものは同じものになる。他の3文字の場合も同様なので，A，B，C，D，E，F，Gの7文字から3文字を選び出す選び方の数は，$\dfrac{7\times6\times5}{3\times2\times1}$

第1回
第2回
第3回
第4回
第5回
第6回
第7回
第8回
第9回
第10回
解答用紙
公式集

65　第4回　解答・解説

解　答

$\boxed{1}$　(1)　$4-\sqrt{2}$　　(2)　$(x+2)(x+3)(x^2+5x-4)$

　　　(3)　① 7　② 2　③ 3　　(4)　9081

$\boxed{2}$　(1)　$a=2$, $b=5$　　(2)　$x=\sqrt{2}$, $\dfrac{\sqrt{2}}{2}$　　(3)　189

$\boxed{3}$　(1)　$\dfrac{16}{3}$　　(2)　4　　(3)　$x=\dfrac{3}{2}$　　(4)　AH$=2\sqrt{6}$

$\boxed{4}$　(1)　$S=\dfrac{1}{4}t^2$　　(2)　$S=2t-4$　　(3)　$S=-\dfrac{1}{4}t^2+2t+5$　　(4)　$t=\dfrac{9}{2}$, 8

$\boxed{5}$　(1)　$36\pi\,\text{cm}^3$　　(2)　$162\sqrt{3}\,\text{cm}^3$　　(3)　$8\pi\,\text{cm}^2$

配点　$\boxed{1}\cdot\boxed{2}$　各5点×7（$\boxed{1}$(3)，$\boxed{2}$(1)・(2)各完答）　　$\boxed{3}$　(1)　5点　　他　各6点×3

　　　$\boxed{4}\cdot\boxed{5}$　各6点×7（$\boxed{4}$(4)完答）　　計100点

解　説

$\boxed{1}$　（式の計算，指数）

(1)　$(\sqrt{3}-1)^2-\dfrac{2\sqrt{3}-4\sqrt{2}}{\sqrt{6}}+\sqrt{\dfrac{4}{3}}=3-2\sqrt{3}+1-\dfrac{2}{\sqrt{2}}+\dfrac{4}{\sqrt{3}}+\dfrac{2}{\sqrt{3}}=4-2\sqrt{3}-\sqrt{2}+\dfrac{4\sqrt{3}}{3}+\dfrac{2\sqrt{3}}{3}=4-\sqrt{2}$

(2)　$x^2+5x=$Aとおくと，$(x^2+5x)^2+2(x^2+5x)-24=A^2+2A-24=(A+6)(A-4)$　　Aをもとに戻すと，$(x^2+5x+6)(x^2+5x-4)=(x+2)(x+3)(x^2+5x-4)$

(3)　整数xと自然数y, zを用いて，$\left(\dfrac{\sqrt{6}}{3}a^2b\right)^2\times xa^yb^z\div\dfrac{14}{3}a^3b^3=a^3b^2$と表すと，$\dfrac{6a^4b^2}{9}\times xa^yb^z$ $\div\dfrac{14a^3b^3}{3}=a^3b^2$　　両辺を$\dfrac{14a^3b^3}{3}$倍して，$\dfrac{2a^4b^2}{3}\times xa^yb^z=\dfrac{14a^6b^5}{3}$　　両辺を3倍して

$2a^4b^2\times xa^yb^z=14a^6b^5$　　両辺を$2a^4b^2$で割って，$xa^yb^z=7a^2b^3$

(4)　$\dfrac{1}{11}=0.090909\cdots$　　$2019\div2=1009$余り1　　よって，求める数の和は，$(0+9)\times1009$ $+0=9081$

$\boxed{2}$　（魔法陣，解の公式，最小公倍数）

(1)　$3+4+b=a+5+b$より，$a=2$　　$3+7+a=a+5+b$より，$b=5$

(2)　$\sqrt{2}x^2+\sqrt{2}=3x$の両辺を$\sqrt{2}$倍して整理すると，$2x^2-3\sqrt{2}x+2=0$　　2次方程式の解の

56

公式を利用すると，$x=\dfrac{3\sqrt{2}\pm\sqrt{(3\sqrt{2})^2-4\times2\times2}}{2\times2}=\dfrac{3\sqrt{2}\pm\sqrt{2}}{4}=\dfrac{3\sqrt{2}+\sqrt{2}}{4},\ \dfrac{3\sqrt{2}-\sqrt{2}}{4}=$
$\sqrt{2},\ \dfrac{\sqrt{2}}{2}$

(3) A，Bの最大公約数が27であることから，A＝27a，B＝27bと表すことができる。ただし，a，bは整数で，aとbの最大公約数は1になる。このとき，最小公倍数は27abとなるので，$27ab=1134$　　$ab=42$　　$(a, b)=(42, 1),\ (21, 2),\ (14, 3),\ (7, 6)$の4組が考えられるが，A－Bが最小になるのは，$a-b$が最小になるときで，$a=7$，$b=6$である（$a-b=1$）。したがって，A＝189，B＝162である。

---

第4回

3 （相似，中点連結定理，長さ，三平方の定理）

(1) △ABCは正三角形なので，∠A＝∠B＝∠C　　△FDEは△ADEを折ったものなので，∠DFE＝∠A＝∠B＝∠C　　∠BFEは△EFCの外角なので，∠BFE＝∠BFD＋∠DFE＝∠CEF＋∠C　　∠DFE＝∠Cだから，∠BFD＝∠CEF　2組の角がそれぞれ等しいので，△BFD∽△CEF　　よって，BF：CE＝DB：FC　　AB＝BD＋AD＝BD＋FD＝10だから，FC＝10－8＝2　　したがって，8：CE＝3：2　CE＝$\dfrac{16}{3}$

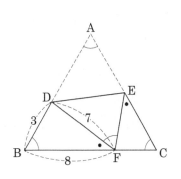

(2) 中点連結定理より，DE//BC，DE＝$\dfrac{1}{2}$BC　　Gは線分AFの中点だから，FC＝2GE＝2×4＝8　　平行線と比の定理より，DG：FC＝DH：HC＝1：4　　DG＝$\dfrac{1}{4}$FC＝2　　よって，BF＝2DG＝4

(3) 右図のように，A～Gをとると，EC//FBより，DC：CB＝DE：EF＝10：5＝2：1　　BD＝12より，BC＝$12\times\dfrac{1}{3}=4$　　AG：GE＝AB：BC　　x：6＝1：4　$4x=6$　　$x=\dfrac{3}{2}$

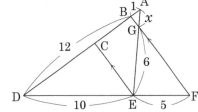

(4) BH＝xとすると，HC＝6－x　　△ABHと△ACHに三平方の定理を用いると，AB^2－BH^2＝AC^2－HC^2　　$25-x^2=49-(6-x)^2$　　$12x=12$　　$x=1$　　よって，AH＝$\sqrt{5^2-1^2}=\sqrt{24}=2\sqrt{6}$

---

4 （図形の移動，面積）

(1) 点Pのx座標をt（$0\leqq t\leqq4$）とすると，点Qのx座標は$t+6$と表せるので，AQ＝$t+6-6=t$　　さらに，図1のように辺ADと辺QR

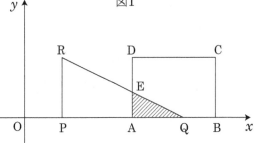

図1

の交点を点Eとおくと，$\angle EAQ=\angle RPQ=90°$　　$\angle AQE=\angle PQR$より2つの角がそれぞれ等しいので，$\triangle AQE \backsim \triangle PQR$　　このとき，$AQ:AE=PQ:PR=6:3=2:1$となるので，$AQ=t$より$AE=\dfrac{1}{2}t$　　よって，$S=t\times\dfrac{1}{2}t\times\dfrac{1}{2}=\dfrac{1}{4}t^2$

(2)　$\triangle PQR$について，$PQ:PR=2:1$である。

よって，$\triangle PQR$と相似な直角三角形の直角をはさむ辺の比は$2:1$である。$4<t\leqq6$のとき，$\triangle BQF\backsim\triangle PQR$，$\triangle AQE\backsim\triangle PQR$であり，$BQ=t+6-10=t-4$，$BF=\dfrac{t-4}{2}$，$AQ=t+6-6=t$，$AE=\dfrac{t}{2}$　　よって，$S=\triangle AQE$

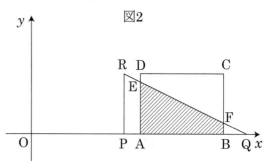

図2

$-\triangle BQF=\dfrac{1}{2}\times t\times\dfrac{t}{2}-\dfrac{1}{2}\times(t-4)\times\dfrac{t-4}{2}=$
$\dfrac{t^2-(t-4)^2}{4}=\dfrac{t^2-(t^2-8t+16)}{4}=\dfrac{8t-16}{4}=2t-4$

(3)　$6<t\leqq10$のときも同様に$\triangle BQF\backsim\triangle PQR$，$\triangle AQE\backsim\triangle PQR$　　$BQ=t+6-10=t-4$，$BF=\dfrac{t-4}{2}$，$AQ=t+6-6=t$，$PQ=6$，$PR=3$　　よって，$S=\triangle PQR-\triangle BQF=\dfrac{1}{2}\times6\times3$

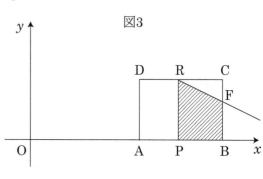

図3

$-\dfrac{1}{2}\times(t-4)\times\dfrac{t-4}{2}=9-\dfrac{(t-4)^2}{4}=$
$\dfrac{36-(t^2-8t+16)}{4}=\dfrac{-t^2+8t+20}{4}$

(4)　$0\leqq t\leqq4$のときには，$S=\dfrac{1}{4}t^2=5$から，$t=\pm\sqrt{20}$　　$4<\sqrt{20}$なので，$S=5$となるtはない。

$4<t\leqq6$のときには，$S=2t-4=5$　　$2t=9$　　$t=\dfrac{9}{2}$　　$6<t\leqq9$のときには，

$S=\dfrac{-t^2+8t+20}{4}=5$　　$-t^2+8t+20=20$　　$t^2-8t=0$　　$t(t-8)=0$　　$t=8$

よって，$t=\dfrac{9}{2},~8$

5　(体積，面積)

(1)　1辺aの正三角形の高さは$\dfrac{\sqrt{3}}{2}a$で表されるから，正三角形ABCの高さは$\dfrac{\sqrt{3}}{2}\times6\sqrt{3}=9$　　球の半径をRとすると，右の図より，

$3R=9$　　$R=3$　　よって，球の体積は，$\dfrac{4}{3}\pi\times3^3=36\pi~(cm^3)$

(2)　正三角柱の高さは球の直径に等しく6だから，正三角柱の体積は，$\dfrac{1}{2}\times6\sqrt{3}\times9\times6=162\sqrt{3}~(cm^3)$

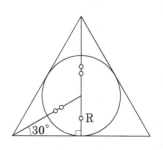

第1回

第2回

第3回

第4回

第5回

第6回

第7回

第8回

第9回

第10回

解答用紙

公式集

(3)　AG：GD＝2：1より，GD＝$\frac{1}{3}$AD＝2　　球の切り口の円の

半径をrとすると，右の図より，$r=\sqrt{3^2-(3-2)^2}=2\sqrt{2}$

よって，切り口の面積は，$\pi\times(2\sqrt{2})^2=8\pi$（cm^2）

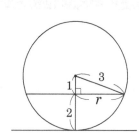

数の並び方について考えてみよう。

$(1,\ 2),\ (2,\ 3),\ (3,\ 4),\ \cdots\cdots,\ (n,\ n+1)$という数の並びには面白い性質がある。

$\frac{1}{1\times2}+\frac{1}{2\times3}+\frac{1}{3\times4}+\frac{1}{4\times5}+,\ \cdots\cdots,\ +\frac{1}{n\times(n+1)}$を簡単にしてみよう。

$\frac{1}{n}-\frac{1}{n+1}=\frac{n+1}{n(n+1)}-\frac{n}{n(n+1)}=\frac{1}{n(n+1)}$となるから，$\frac{1}{1\times2}+\frac{1}{2\times3}+\frac{1}{3\times4}+\frac{1}{4\times5}+,$

$\cdots\cdots,\ +\frac{1}{n\times(n+1)}=\left(\frac{1}{1}-\frac{1}{2}\right)+\left(\frac{1}{2}-\frac{1}{3}\right)+\left(\frac{1}{3}-\frac{1}{4}\right)+\left(\frac{1}{4}-\frac{1}{5}\right)+,\ \cdots\cdots,\ +\left(\frac{1}{n}-\frac{1}{n+1}\right)$

$=\frac{1}{1}-\frac{1}{n+1}=\frac{n}{n+1}$　　例えば，$\frac{1}{1\times2}+\frac{1}{2\times3}+\frac{1}{3\times4}+\frac{1}{4\times5}$の場合，$n=4$，$n+1=5$なの

で，$\frac{4}{5}$となる。

$\frac{1}{6\times7}+\frac{1}{7\times8}+\frac{1}{8\times9}+\frac{1}{9\times10}+\frac{1}{10\times11}$の場合，$\frac{1}{1\times2}+\frac{1}{2\times3}+,\ \cdots\cdots,\ +\frac{1}{10\times11}=\frac{10}{11}$か

ら$\frac{1}{1\times2}+\frac{1}{2\times3},\ \cdots\cdots,\ \frac{1}{5\times6}=\frac{5}{6}$をひけばよいので，$\frac{10}{11}-\frac{5}{6}=\frac{5}{66}$　　$\left(\frac{1}{6}-\frac{1}{7}\right)+\left(\frac{1}{7}-\frac{1}{8}\right)$,

$\cdots\cdots,\ +\left(\frac{1}{10}-\frac{1}{11}\right)=\frac{1}{6}-\frac{1}{11}=\frac{5}{66}$としてもよい。

三角形の外角について考えてみよう。

中学数学の図形分野でよく使われる重要な定理の1つに「三角形の外角はそのとなりにない2つの内角の和に等しい」というものがある。これを使いこなせると，複雑な図形問題が簡単な問題となることがよくある。

右図で，点Eは∠ABCの二等分線と△ABCの外角∠ACDの二等分線の交点であり，点Fは∠ABCの二等分線と∠ACBの二等分線の交点である。

∠A＝a，∠ABC＝b，∠ACB＝cとして，角の関係を確かめてみよう。

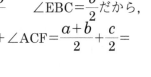

∠ACD＝∠ABC＋∠BAC＝$a+b$　　∠ACE＝∠DCE＝$\frac{a+b}{2}$　　∠EBC＝$\frac{b}{2}$だから，

∠E＝∠ECD－∠EBC＝$\frac{a+b}{2}-\frac{b}{2}=\frac{a}{2}$　　∠FCE＝∠ACE＋∠ACF＝$\frac{a+b}{2}+\frac{c}{2}=$

$\frac{a+b+c}{2}=90°$　　∠BFC＝∠FCE＋∠E＝$90°+\frac{a}{2}$

解 答

1. (1) $-4\sqrt{6}$　(2) 1　(3) 3組
2. (1) ① $\dfrac{\sqrt{3}+\sqrt{5}}{8}$　② $-\dfrac{1}{32}$　(2) ① 104　② $\dfrac{104}{63}$
3. (1) $y=2x+3$　(2) 6　(3) $m+1$　(4) $m=7$
4. (1) 6　(2) 45　(3) 30　(4) 1011
5. (1) $\dfrac{4\sqrt{6}}{3}$　(2) $\sqrt{6}$　(3) $\dfrac{23\sqrt{2}}{12}$

配点 1・2 各5点×7　3 各6点×4　4 各5点×4　5 各7点×3
計100点

解 説

1. （展開，比，素数）

(1) $(\sqrt{10}-\sqrt{6}-2)(\sqrt{10}+\sqrt{6}+2)=\{\sqrt{10}-(\sqrt{6}+2)\}\{\sqrt{10}+(\sqrt{6}+2)\}=(\sqrt{10})^2-(\sqrt{6}+2)^2=10-(6+4\sqrt{6}+4)=10-6-4\sqrt{6}-4=-4\sqrt{6}$

(2) $x:y=\dfrac{1}{4}:\dfrac{1}{5}=5:4$より，$x=5k$，$y=4k$とおくと，$\dfrac{x^2-4xy+4y^2}{x^2-y^2}=\dfrac{(x-2y)^2}{(x+y)(x-y)}=\dfrac{(5k-8k)^2}{(5k+4k)(5k-4k)}=\dfrac{(-3k)^2}{9k\times k}=\dfrac{9k^2}{9k^2}=1$

(3) $(m+3)(n-2)$が素数となるとき，$m+3$，$n-2$のどちらかが1である。$m+3\geqq4$なので，$n-2=1$　$n=3$　このとき，$m+3$が素数であればよいから，$m+3=5$，7，11　$m=2$，4，8　よって，$(m, n)=(2, 3)$，$(4, 3)$，$(8, 3)$の3組ある。

2. （連立方程式，式の計算，約数）

(1) ① $\sqrt{5}x+\sqrt{3}y=1$の両辺を$\sqrt{5}$倍すると，$5x+\sqrt{15}y=\sqrt{5}$…ア　　$\sqrt{3}x-\sqrt{5}y=1$の両辺を$\sqrt{3}$倍すると，$3x-\sqrt{15}y=\sqrt{3}$…イ　　ア＋イから，$8x=\sqrt{5}+\sqrt{3}$　$x=\dfrac{\sqrt{5}+\sqrt{3}}{8}$

② $\sqrt{5}x+\sqrt{3}y=1$の両辺を$\sqrt{3}$倍すると，$\sqrt{15}x+3y=\sqrt{3}$…ウ　　$\sqrt{3}x-\sqrt{5}y=1$の両辺を$\sqrt{5}$倍すると，$\sqrt{15}x-5y=\sqrt{5}$…エ　　ウーエから，$8y=\sqrt{3}-\sqrt{5}$　$y=\dfrac{\sqrt{3}-\sqrt{5}}{8}$

よって，$xy=\dfrac{\sqrt{5}+\sqrt{3}}{8}\times\dfrac{\sqrt{3}-\sqrt{5}}{8}=\dfrac{(\sqrt{5}+\sqrt{3})(\sqrt{3}-\sqrt{5})}{64}=\dfrac{(\sqrt{3})^2-(\sqrt{5})^2}{64}=-\dfrac{1}{32}$

(2) ① $63=3^2\times7$から，63の正の約数は，1, 3, 7, 9, 21, 63　　63の正の約数の総和は，
$1+3+7+9+21+63=104$

② 63の正の約数の逆数の総和は，$1+\dfrac{1}{3}+\dfrac{1}{7}+\dfrac{1}{9}+\dfrac{1}{21}+\dfrac{1}{63}=\dfrac{63+21+9+7+3+1}{63}=\dfrac{104}{63}$

3 （直線の式，面積，座標）

(1) 直線ℓ_1の式を$y=2x+a$とおくと，点A$(-1, 1)$を通るから，$1=-2+a$　　$a=3$
よって，$y=2x+3$

(2) $y=x^2$と$y=2x+3$からyを消去して，$x^2=2x+3$　　$x^2-2x-3=0$　　$(x+1)(x-3)=0$
$x=-1, 3$　　よって，B$(3, 9)$　　D$(0, 3)$とすると，$\triangle OAB=\triangle OAD+\triangle OBD=\dfrac{1}{2}\times3$
$\times1+\dfrac{1}{2}\times3\times3=6$

(3) 直線ℓ_2の式を$y=mx+b$とおくと，点A$(-1, 1)$を通るから，$1=-m+b$　　$b=m+1$

(4) $y=x^2$と$y=mx+m+1$からyを消去して，$x^2=mx+m+1$　　$x^2-mx-m-1=0$
$x^2-1-m(x+1)=0$　　$(x+1)(x-1-m)=0$　　$x=-1, m+1$　　よって，C$(m+1,$
$(m+1)^2)$　　E$(0, m+1)$とすると，$\triangle OAC=\triangle OAE+\triangle OCE=\dfrac{1}{2}\times(m+1)\times1+\dfrac{1}{2}\times$
$(m+1)\times(m+1)=\dfrac{1}{2}(m+1)(m+2)$　　したがって，$\dfrac{1}{2}(m+1)(m+2)=6\times6$
$m^2+3m+2=72$　　$m^2+3m-70=0$　　$(m+10)(m-7)=0$　　$m>-1$より，$m=7$

4 （直線と交点の数）

(1) 1本の直線があるところに，それと平行でない2本目の直線をひくと，交点が1つできる。
よって，$[2]=1$　　さらに，その2本と平行でない3本目の直線をひくと，3本目の直線が，
1本目，2本目の直線と交わるときに計2つの交点ができるので，$[3]=1+2=3$　　続けて，
3本の直線のいずれとも平行でない4本目の直線をひくと，1本目，2本目，3本目の直線と交
わるときに計3つの交点ができるので，$[4]=1+2+3=6$　　これは，1から3までの自然数
の和になっている。

(2) (1)と同様に考えれば，9本のいずれも平行でない直線があるところに，10本目の，いず
れの直線とも平行でない直線をひくとき，1番目から9番目の直線と交わるときに9つの交点
ができることになる。$[10]=1+2+\cdots+9=45$

(3) $[31]=1+2+\cdots+29+30$　　$[30]=1+2+\cdots+29$　　よって，$[31]-[30]=(1+2+$
$\cdots+29+30)-(1+2+\cdots+29)=30$

(4) $[x]=1+2+\cdots+(x-3)+(x-2)+(x-1)$　　$[x-2]=1+2+\cdots+(x-3)$　　よって，
$[x]-[x-2]=\{1+2+\cdots+(x-3)+(x-2)+(x-1)\}-\{1+2+\cdots+(x-3)\}=(x-2)+(x$
$-1)=2x-3$　　よって，$2x-3=2019$　　$2x=2022$　　$x=1011$

$\boxed{5}$ （長さ，体積）

(1) 線分ABの中点をNとする。点Hは正三角形ABCの重心で，CH：HN＝2：1　　CN＝$\dfrac{\sqrt{3}}{2}$ ×4＝2$\sqrt{3}$ より，CH＝$\dfrac{2}{3}$ CN＝$\dfrac{4\sqrt{3}}{3}$　　　よって，OH＝$\sqrt{OC^2-CH^2}$＝$\sqrt{4^2-\left(\dfrac{4\sqrt{3}}{3}\right)^2}$＝$\dfrac{4\sqrt{6}}{3}$

(2) 平面ONCにおいて，2直線OHとMNとの交点がPとなる。Hを通りMNに平行な直線とOCとの交点をQとすると，CQ：QM＝CH：HN＝2：1　　　よって，OP：PH＝OM：MQ＝(2＋1)：1＝3：1より，OP＝$\dfrac{3}{4}$ OH＝$\dfrac{3}{4}$ ×$\dfrac{4\sqrt{6}}{3}$＝$\sqrt{6}$

(3) 点Pを通る切断面とAM，BM，OA，OB，OCとの交点をそれぞれR，S，X，Y，Zとし，線分XYの中点をTとする。求める立体の体積は，正四面体OXYZと三角すいMRSZの体積の差に等しい。正四面体OXYZと正四面体OABCの相似比はOP：OH＝3：4だから，体積比は3^3：4^3＝27：64　　　よって，正四面体OXYZの体積は，$\dfrac{27}{64}$ ×$\dfrac{1}{3}$ ×$\left(\dfrac{1}{2}\times4\times2\sqrt{3}\right)$ ×$\dfrac{4\sqrt{6}}{3}$＝$\dfrac{9\sqrt{2}}{4}$　　　次に，Mから平面

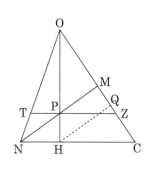

XYZにひいた垂線の長さをhとすると，$h＝\dfrac{3}{4}$ OH－$\dfrac{1}{2}$ OH＝$\dfrac{1}{4}$ OH＝$\dfrac{\sqrt{6}}{3}$　　　TP：PZ＝NH：HC＝1：2より，△RSZと△XYZの相似比は2：(1＋2)＝2：3だから，面積比は2^2：3^2＝4：9　　△XYZと△ABCの面積比は3^2：4^2＝9：16　　　よって，△RSZ＝$\dfrac{4}{9}$ △XYZ＝$\dfrac{4}{9}$ ×$\dfrac{9}{16}$ △ABC＝$\dfrac{1}{4}$ ×$\left(\dfrac{1}{2}\times4\times2\sqrt{3}\right)$＝$\sqrt{3}$　　　したがって，三角すいMRSZの体積は，$\dfrac{1}{3}$ ×$\sqrt{3}$ ×$\dfrac{\sqrt{6}}{3}$＝$\dfrac{\sqrt{2}}{3}$　　　よって，求める立体の体積は，$\dfrac{9\sqrt{2}}{4}$－$\dfrac{\sqrt{2}}{3}$＝$\dfrac{23\sqrt{2}}{12}$

65 第6回 解答・解説

解 答

1 (1) ① 2 ② 18 (2) $x=3,\ y=2$

2 (1) $\dfrac{1}{64}$ (2) $\dfrac{43}{128}$

3 (1) 20 (2) $\dfrac{n(n+3)}{2}$ (3) 18

4 (1) $y=\dfrac{\sqrt{2}}{2}x+1$ (2) 6 (3) $\dfrac{15\sqrt{2}}{4}$(cm²) (4) 3:4

(5) $\dfrac{45\sqrt{2}}{28}$(cm²)

5 (1) 9 (2) $3\sqrt{34}$ (3) 255 (4) $\dfrac{425}{2}\pi$

配点 1 各5点×3((2)完答) 2 各6点×2 3 (1)・(2) 各5点×2
(3) 6点 4 各6点×5 5 (1) 6点 他 各7点×3 計100点

解 説

1 (式の値, 連立方程式)

(1) ① $xy=\dfrac{\sqrt{2}}{\sqrt{3}-\sqrt{2}}\times\dfrac{\sqrt{2}}{\sqrt{3}+\sqrt{2}}=\dfrac{2}{3-2}=2$

② $x+y=\dfrac{\sqrt{2}}{\sqrt{3}-\sqrt{2}}+\dfrac{\sqrt{2}}{\sqrt{3}+\sqrt{2}}=\dfrac{\sqrt{2}(\sqrt{3}+\sqrt{2})+\sqrt{2}(\sqrt{3}-\sqrt{2})}{(\sqrt{3}-\sqrt{2})\sqrt{3}+\sqrt{2})}=\dfrac{2\sqrt{6}}{3-2}=2\sqrt{6}$

$x^2-xy+y^2=(x+y)^2-3xy=(2\sqrt{6})^2-3\times2=24-6=18$

(2) $\dfrac{1}{x+y}=$X, $\dfrac{1}{x-y}=$Yとおくと, X+Y$=\dfrac{6}{5}$…① X-Y$=-\dfrac{4}{5}$…② ①+②より,

2X$=\dfrac{2}{5}$ X$=\dfrac{1}{5}$ ①-②より, 2Y=2, Y=1 よって, $x+y=5$…③ $x-y=1$…

④ ③+④より, $2x=6$ $x=3$ ③-④より, $2y=4$

$y=2$

2 (確率)

(1) 太郎君と次郎君がAP上で出会うのは, 2人が点Cを通るときである。ところで, 事柄U, V, W, ……の起きる確率がそれぞれ$u,\ v,\ w,$ ……であるとき, 事柄U, V, Wが連続して起きる確率は$u\times v\times w\times$……で求められる。

63

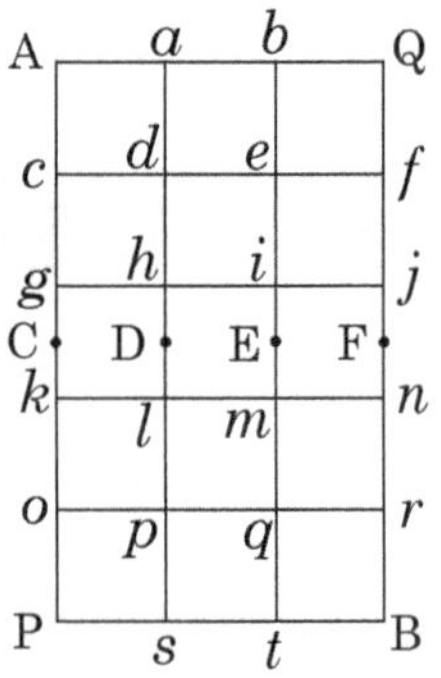

図1で，Aからcに向かう確率は$\frac{1}{2}$であり，cからgに向かう確率も$\frac{1}{2}$である。このとき，A→c→gと向かう確率は，A→c→d，A→a→b，A→a→dを含めた4通りのうちの1通りであり，その確率は，$\frac{1}{2}\times\frac{1}{2}=\frac{1}{4}$である。$g$から$k$に向かう確率も$\frac{1}{2}$であるので，太郎君が点Cを通る確率は，$\frac{1}{2}\times\frac{1}{2}\times\frac{1}{2}=\frac{1}{8}$　　次郎君が点Cに向かう確率も$\frac{1}{8}$なので，2人が点Cで出会う確率は$\frac{1}{8}\times\frac{1}{8}=\frac{1}{64}$

図1

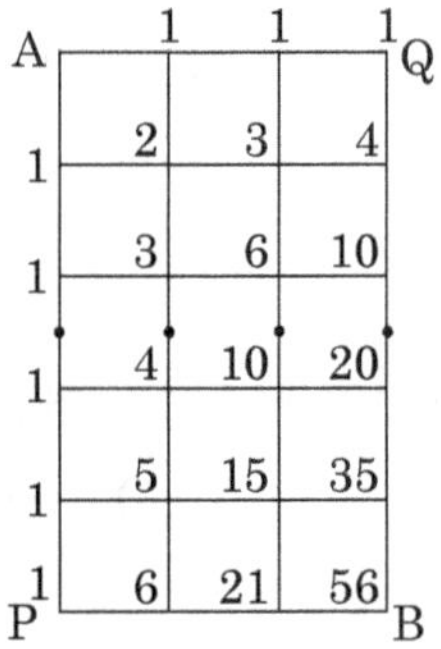

(2)　太郎君が点Dを通る確率は，A→c→g→h→lと向かう確率が$\frac{1}{2}\times\frac{1}{2}\times\frac{1}{2}\times\frac{1}{2}=\frac{1}{16}$であり，Aから$h$に至る最短経路は図2で示すように3通りあるから，$\frac{1}{16}\times3=\frac{3}{16}$　　次郎さんがlを通って点Dに至る確率も$\frac{3}{16}$よって，2人が点Dで出会う確率は$\frac{3}{16}\times\frac{3}{16}=\frac{9}{256}$　　点Eで出会う場合には，2人とも5回の選択があり，Aからi，または，Pからmに至る最短経路がそれぞれ6通りあるので，$\left(\frac{1}{2}\times\frac{1}{2}\times\frac{1}{2}\times\frac{1}{2}\times\frac{1}{2}\right)\times6=\frac{3}{16}$

図2

$\frac{3}{16}\times\frac{3}{16}=\frac{9}{256}$　　太郎君が点Fを通る場合は，点Qまで行って→f→j→nとすすむ場合が，$\frac{1}{2}\times\frac{1}{2}\times\frac{1}{2}\times1\times1\times1=\frac{1}{8}$　　点eまで行って→f→j→nとすすむ場合が，Aからeまでの最短経路が3通りあるから，$\left(\frac{1}{2}\times\frac{1}{2}\times\frac{1}{2}\times\frac{1}{2}\times1\times1\right)\times3=\frac{3}{16}$　　点iまで行って→j→nとすすむ場合が，Aからiまでの最短経路が6通りあるから，$\left(\frac{1}{2}\times\frac{1}{2}\times\frac{1}{2}\times\frac{1}{2}\times\frac{1}{2}\times1\right)\times6=\frac{6}{32}=\frac{3}{16}$　　したがって，太郎君が点Fを通る確率は，$\frac{1}{8}+\frac{3}{16}+\frac{3}{16}=\frac{1}{2}$　　次郎君の場合も同様だから，2人が点Fで出会う確率は，$\frac{1}{2}\times\frac{1}{2}=\frac{1}{4}$　　したがって，2人が途中ですれ違う確率は，$\frac{1}{64}+\frac{9}{256}+\frac{9}{256}+\frac{1}{4}=\frac{43}{128}$

3　(数列)

(1)　$S_5=\dfrac{5\times(5+3)}{2}=20$

(2)　$S_n=\dfrac{n(n+3)}{2}$

(2)　$S_{n+2}-S_n=\dfrac{(n+2)(n+2+3)}{2}-\dfrac{n(n+3)}{2}=\dfrac{n^2+7n+10}{2}-\dfrac{n^2+3n}{2}=\dfrac{4n+10}{2}=2n+5$

$2n+5=41$より，$2n=36$　　$n=18$

4 （座標，面積，辺の比）

(1) $y=x^2$に$x=-\dfrac{\sqrt{2}}{2}$，$\sqrt{2}$を代入して，$y=\left(-\dfrac{\sqrt{2}}{2}\right)^2=\dfrac{1}{2}$，$y=(\sqrt{2})^2=2$より，A$\left(-\dfrac{\sqrt{2}}{2}\right.$，$\left.\dfrac{1}{2}\right)$，B$(\sqrt{2}$，$2)$とする。直線ABの式を$y=ax+b$とおくと，点Aの座標を代入して，$\dfrac{1}{2}=$ $-\dfrac{\sqrt{2}}{2}a+b\cdots$①　　点Bの座標を代入して，$2=\sqrt{2}\,a+b\cdots$②　　①−②より， $-\dfrac{3}{2}=-\dfrac{3\sqrt{2}}{2}a$　　$a=\dfrac{\sqrt{2}}{2}\cdots$③　　③を②に代入して，$2=\sqrt{2}\times\dfrac{\sqrt{2}}{2}+b$より，$b=1$ よって，直線ABの式は，$y=\dfrac{\sqrt{2}}{2}x+1$

(2) $y=x^2$に$x=2\sqrt{2}$を代入して，$y=(2\sqrt{2})^2=8$より，C$(2\sqrt{2}$，$8)$　　直線DCは直線AB と傾きが等しいので，$y=\dfrac{\sqrt{2}}{2}x+b$　　また，点Cを通るので，$8=\dfrac{\sqrt{2}}{2}\times2\sqrt{2}+b$より，$b=6$ よって，Dのyの座標は6

(3) 直線ABとy軸との交点をFとする。△ABC＝△ABD＝△DFB＋△DFA＝$(6-1)\times\sqrt{2}\times$ $\dfrac{1}{2}+(6-1)\times\dfrac{\sqrt{2}}{2}\times\dfrac{1}{2}=\dfrac{5\sqrt{2}}{2}+\dfrac{5\sqrt{2}}{4}=\dfrac{15\sqrt{2}}{4}$（cm^2）

(4) AB：CD＝$\left\{\sqrt{2}-\left(-\dfrac{\sqrt{2}}{2}\right)\right\}$：$2\sqrt{2}=\dfrac{3\sqrt{2}}{2}$：$2\sqrt{2}=3$：$4$

(5) △ABE∽△CDEより，AE：CE＝AB：CD＝3：4　　よって，△ABE＝$\dfrac{AE}{AC}\times$△ABC＝ $\dfrac{3}{7}\times\dfrac{15\sqrt{2}}{4}=\dfrac{45\sqrt{2}}{28}$（cm^2）

5 （三平方の定理，面積）

(1) 右の図で点Bから線分ADに下ろした垂線との交 点をHとする。円Bの半径をrとすると，AH＝$25-$ r，AB＝$25+r$　　△ABHで三平方の定理より，$(25$ $+r)^2=30^2+(25-r)^2$　　これを解いて，$r=9$

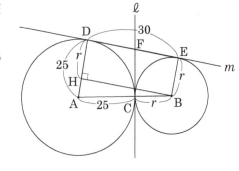

(2) 右の図でFD＝FC＝FEより，FE＝$\dfrac{1}{2}$DE＝15 △BFEで三平方の定理より，BF＝$\sqrt{15^2+9^2}=$ $\sqrt{306}=3\sqrt{34}$

(3) △AFB＝四角形ABED−△AFD−△BFE＝$(25+9)\times30\times\dfrac{1}{2}-15\times25\times\dfrac{1}{2}-15\times9\times\dfrac{1}{2}$ $=510-\dfrac{375}{2}-\dfrac{135}{2}=\dfrac{510}{2}=255$

(4) ∠ADF＝∠ACF＝90°より，3点A，C，Dを通る円の直径はAFになる。△AFDで三平 の定理より，AF＝$\sqrt{25^2+15^2}=5\sqrt{34}$　　半径は$\dfrac{1}{2}$AF＝$\dfrac{5\sqrt{34}}{2}$となり，円の面積は， $\pi\times\left(\dfrac{5\sqrt{34}}{2}\right)^2=\dfrac{425}{2}\pi$

解答

1 (1) $\dfrac{\sqrt{21}}{6}$　　(2) $a(b+c-1)(b-c+1)$　　(3) 2

2 (1) $a=2,\ b=4$　　(2) $x=20$　　(3) ① 3　② 14

3 (1) 13冊　　(2) 4冊

4 (1) $\dfrac{1}{2}$　　(2) $\dfrac{3}{50}$　　(3) $\dfrac{33}{100}$

5 (1) $\dfrac{12}{5}$　　(2) 15：4　　(3) $\dfrac{1728}{2185}$

6 (1) $4\sqrt{3}$　　(2) $\dfrac{3\sqrt{3}}{10}$

配点　1 (1)・(2) 各5点×2　　(3) 6点　　2 (1)・(2) 各6点×2((1)完答)
　　　(3) 7点(完答)　　3・4 各6点×5　　5・6 各7点×5　　計100点

解 説

1 (式の計算, 因数分解)

(1) $\dfrac{1}{2+\sqrt{3}-\sqrt{7}}-\dfrac{1}{2+\sqrt{3}+\sqrt{7}}=\dfrac{2+\sqrt{3}+\sqrt{7}-(2+\sqrt{3}-\sqrt{7})}{(2+\sqrt{3}-\sqrt{7})(2+\sqrt{3}+\sqrt{7})}=\dfrac{2\sqrt{7}}{(2+\sqrt{3})^2-7}=\dfrac{2\sqrt{7}}{4\sqrt{3}}=$
$\dfrac{\sqrt{7}}{2\sqrt{3}}=\dfrac{\sqrt{21}}{6}$

(2) $ab^2-ac^2+2ac-a=a(b^2-c^2+2c-1)=a\{b^2-(c-1)^2\}=a(b+c-1)(b-c+1)$

(3) 大きい数と大きい数をかけた方が計算結果が大きくなる。$9\times4,\ 8\times3,\ 3\times2,\ 1\times1$のときが最大となるので，A=1，B=3，C=2，D=4

2 (連立方程式, 式の計算)

(1) $-x+5y=28\cdots$①　　$ax-3y=-21\cdots$②　　$5x+by=13$のxとyを入れかえて$bx+5y$
$=13\cdots$③　　$2x-7y=31$のxとyを入れかえて，$-7x+2y=31\cdots$④　　①×7−④より，
$33y=165$　　$y=5$　　これを①に代入して，$-x+25=28$　　$x=-3$　　これらのx，yの
値を②，③にそれぞれ代入して，$-3a-15=-21$　　$a=2$　　$-3b+25=13$　　$b=4$

(2) 2月の入園者数をa人とすると，遊園地Aでは，3月の入園者数は$(1+0.5)a=1.5a$(人)，
4月の入園者数は$1.5a\times(1-0.04)=1.44a$(人)と表せる。また，遊園地Bでは，3月の入園者

数は$\left(1+\dfrac{x}{100}\right)a$（人），4月の入園者数は$\left(1+\dfrac{x}{100}\right)^2 a$（人）と表せる。よって，$\left(1+\dfrac{x}{100}\right)^2 a$

$=1.44a$　　$\left(1+\dfrac{x}{100}\right)^2=1.44$　　$1+\dfrac{x}{100}=\pm1.2$　　$x=-100\pm120=20,\ -220$

$x>0$より，$x=20$

(3)　$a^2+mb-n=0$とおいて$a=\dfrac{3-\sqrt{29}}{2}$，$b=\dfrac{3+\sqrt{29}}{2}$を代入すると，$\dfrac{38-6\sqrt{29}}{4}+\dfrac{3m+\sqrt{29}m}{2}$

$=n$　　$\dfrac{19+3m-3\sqrt{29}+\sqrt{29}m}{2}=n$　　nは整数なので，この式が成り立つとき，

$-3\sqrt{29}+\sqrt{29}m=0$　　よって，$m=3$　　$n=\dfrac{19+3\times3}{2}=14$　　①は3，②は14である。

③ （平均，中央値）

(1)　5人A，B，C，D，Eの合計冊数は$9\times5=45$（冊）　　20人の合計冊数は$12\times20=240$（冊）
よって，5人以外の15人の合計冊数は$240-45=195$（冊）　　よって，15人が読んだ本の冊数の平均値は，$195\div15=13$（冊）

(2)　5人の合計冊数が45冊であることから，$(-2x+12)+8+2x^2+(-5x+21)+(-x^2+16)$
$=45$　　$x^2-7x+57=45$　　$x^2-7x+12=0$　　$(x-3)(x-4)=0$　　$x=3,\ 4$　　$x=3$のとき，(A，B，C，D，E)$=$(6，8，18，6，7)　　このうちの3人の平均値が12，つまり，合計冊数が36となることはない。$x=4$のとき，(A，B，C，D，E)$=$(4，8，32，1，0)　　よって，A，C，Eの3人の平均値が20人の平均値と等しくなる。そして，その中央値は4（冊）である。

④ （確率）

(1)　取り出されたカードの数字が2の倍数である場合の数は，$100\div2=50$（通り）　　よって，求める確率は，$\dfrac{50}{100}=\dfrac{1}{2}$

(2)　3と5の最小公倍数は15なので，取り出されたカードの数字が，3の倍数であり5の倍数でもある場合の数は，$100\div15=6$余り10より6通り。よって，求める確率は，$\dfrac{6}{100}=\dfrac{3}{50}$

(3)　2と3の最小公倍数は6なので，取り出されたカードの数字が，2の倍数であり3の倍数でもある場合の数は，$100\div6=16$余り4より16通り。また，取り出されたカードの数字が3の倍数である場合の数は，$100\div3=33$余り1より33通り。よって，取り出されたカードの数字が2の倍数ではなく3の倍数でもない場合の数は，$100-(50+33-16)=33$（通り）　　したがって，求める確率は，$\dfrac{33}{100}$

⑤ （長さ，辺の比，面積）

(1) $CA^2+AB^2=BC^2$だから，$\angle CAB=90°$　　　$BD=BF=x$とおくと，$AE=AF=6-x$
$CE=CD=10-x$　　$CA=CE+AE$より，$8=(10-x)+(6-x)$　　$2x=8$　　$x=4$
$CA /\!/ DG$より，2組の角がそれぞれ等しいから，$\triangle ABC \backsim \triangle GBD$　　　$BA:BG=BC:BD$
$BG=\dfrac{6\times 4}{10}=\dfrac{12}{5}$

(2) 2直線CAとDFとの交点をJとすると，$CA /\!/ DG$より，$CH:HG=CJ:DG$　　　ここで，CA
$:DG=BC:BD$　　$DG=\dfrac{8\times 4}{10}=\dfrac{16}{5}$　　$AJ:DG=AF:FG$　　$AJ=\dfrac{16}{5}\times(6-4)\div\left(4-\dfrac{12}{5}\right)$
$=4$　　よって，$CH:HG=CJ:DG=(8+4):\dfrac{16}{5}=15:4$

(3) $CI:IG=CE:DG=(8-2):\dfrac{16}{5}=15:8$　　　よって，$CI:IH:HG=\dfrac{15}{15+8}:\left(\dfrac{8}{15+8}\right.$
$\left.-\dfrac{4}{15+4}\right):\dfrac{4}{15+4}=15\times 19:(8\times 19-4\times 23):4\times 23=285:60:92$　　$\triangle DCG:\triangle DIH$
$=CG:IH=(285+60+92):60=437:60$　　　よって，$\triangle DIH=\dfrac{60}{437}\triangle DCG=\dfrac{60}{437}\times\dfrac{1}{2}\times$
$\dfrac{16}{5}\times\left(6-\dfrac{12}{5}\right)=\dfrac{1728}{2185}$

⑥ （体積）

(1) BからCDに垂線BHをひく。$CH=x$とおくと，$DH=3-x$　　$\triangle BCH$で三平方の定理を用い
ると，$BH^2=BC^2-CH^2=2^2-x^2=4-x^2\cdots①$　　　$\triangle BDH$で三平方の定理を用いると，BH^2
$=BD^2-DH^2=(\sqrt{7})^2-(3-x)^2=-2+6x-x^2\cdots②$　　　①＝②より$4-x^2=-2+6x-x^2$
$6x=6$　　$x=1$　　これを①に代入して，$BH^2=4-1^2=3$　　$BH>0$より，$BH=\sqrt{3}$　　四角
すいA－BCDEの体積は，$3\times\sqrt{3}\times 4\times\dfrac{1}{3}=4\sqrt{3}$

(2) $\triangle RQD=\dfrac{DQ}{CD}\times\triangle RCD=\dfrac{2}{5}\times\triangle RCD=\dfrac{2}{5}\times\dfrac{RD}{DE}\times\triangle CDE=\dfrac{2}{5}\times\dfrac{1}{2}\times\triangle CDE=\dfrac{2}{5}\times\dfrac{1}{2}\times\dfrac{1}{2}$
$\times$平行四辺形BCDE$=\dfrac{1}{10}\times 3\times\sqrt{3}=\dfrac{3\sqrt{3}}{10}$　　　三角すいD－PQRを，$\triangle RQD$を底面としてみた
とき，$AP:PD=1:3$より，高さは四角すいA－BCDEの$\dfrac{3}{4}$倍になり，$\dfrac{3}{4}\times 4=3$　　　したが
って，三角すいD－PQRの体積は，$\dfrac{3\sqrt{3}}{10}\times 3\times\dfrac{1}{3}=\dfrac{3\sqrt{3}}{10}$

解　答

1.　(1)　-14　　(2)　-1　　(3)　55

2.　(1)　$x=8$, $y=5$　　(2)　6個　　(3)　$\dfrac{5}{4}\left(\pi-\dfrac{3\sqrt{3}}{4}\right)$

3.　(1)　2　　(2)　44　　(3)　6個

4.　(1)　$a=\dfrac{1}{2}$　　(2)　$y=x+4$　　(3)　C$(-6,\ 18)$　　(4)　60

5.　(1)　$\dfrac{1}{12}$　　(2)　$\dfrac{1}{8}$　　(3)　$\dfrac{5}{36}$

6.　(1)　18　　(2)　$\dfrac{17}{2}$

配点　1・2・3　各5点×9(2(1)完答)　　4　(1)　5点　　他　各6点×3
　　　　5　各6点×3　　6　各7点×2　　計100点

解　説

1　(式の計算，式の値)

(1)　$\left\{\left(\dfrac{7}{2}\right)^3\div\left(-0.25^2-\dfrac{11}{20}\right)+7\right\}\times\dfrac{2}{9}=\left\{\dfrac{7^3}{8}\div\left(-\dfrac{1}{16}-\dfrac{11}{20}\right)+7\right\}\times\dfrac{2}{9}=\left\{\dfrac{7^3}{8}\times\left(-\dfrac{80}{49}\right)+7\right\}\times\dfrac{2}{9}$

$=(-70+7)\times\dfrac{2}{9}=-63\times\dfrac{2}{9}=-14$

(2)　$(x+1)(y+1)=1$より，$xy+x+y+1=1$　　$xy+x+y=0\cdots①$　　$(x+2)(y+2)=5$より，$xy+2x+2y+4=5$　　$xy+2x+2y=1\cdots②$　　②$-$①から，$x+y=1$　　これを①に代入すると，$xy+1=0$　　よって，$xy=-1$

(3)　$2a^2-3a+5-\dfrac{3}{a}+\dfrac{2}{a^2}=\left(2a^2+\dfrac{2}{a^2}\right)-\left(3a+\dfrac{3}{a}\right)+5=2\left(a^2+\dfrac{1}{a^2}\right)-3\left(a+\dfrac{1}{a}\right)+5$　　また，$\left(a+\dfrac{1}{a}\right)^2=a^2+2\times a\times\dfrac{1}{a}+\dfrac{1}{a^2}=36$　　$a^2+2+\dfrac{1}{a^2}=36$　　$a^2+\dfrac{1}{a^2}=34$　　したがって，$2\times34-3\times6+5=55$

2　(方程式，不等式，面積)

(1)　$4x^2-9y^2=31$　　$(2x+3y)(2x-3y)=31$　　x, yは自然数だから，$2x+3y>2x-3y$　　また，31は素数だから，$2x+3y=31$, $2x-3y=1$　　この連立方程式を解いて，$x=8$, $y=5$

(2)　$2x+7<15$　　$2x<8$　　$x<4\cdots③$　　$7x-5>-26$　　$7x>-21$　　$x>-3\cdots④$

③, ④を同時に満たす整数xは, -2, -1, 0, 1, 2, 3の6個。

(3) 内側の三角形を回転させ, 右の図のようにA～Gをとる。

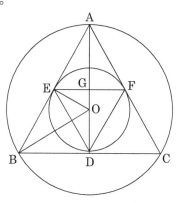

大円Oの面積は, $1^2\pi = \pi$ $\triangle$OBDは30°, 60°, 90°の

直角三角形で, 辺の比は$1:2:\sqrt{3}$ OB$=1$より, OD$=$

$\dfrac{1}{2}$ BD$=\dfrac{\sqrt{3}}{2}$ $\triangle$ABC$=\dfrac{1}{2}\times$BC$\times$AD$=\dfrac{1}{2}\times(2\times$BD$)$

$\times($AO$+$OD$)=\dfrac{1}{2}\times\sqrt{3}\times\dfrac{3}{2}=\dfrac{3\sqrt{3}}{4}$ 小円Oの面積は,

OD$^2\times\pi=\left(\dfrac{1}{2}\right)^2\pi=\dfrac{1}{4}\pi$ $\triangle$OGEも30°, 60°, 90°の直角

三角形で, 辺の比は$1:2:\sqrt{3}$ OE$=$OD$=\dfrac{1}{2}$

OG$=\dfrac{1}{2}\times\dfrac{1}{2}=\dfrac{1}{4}$ GE$=\dfrac{\sqrt{3}}{4}$ $\triangle$DEF$=\dfrac{1}{2}\times$EF$\times$DG$=\dfrac{1}{2}\times(2\times$GE$)\times(OD+OG)$

$=\dfrac{1}{2}\times\dfrac{\sqrt{3}}{2}\times\dfrac{3}{4}=\dfrac{3\sqrt{3}}{16}$ 影の部分の面積＝大円$-\triangle$ABC$+$小円$-\triangle$DEF$=\pi-\dfrac{3\sqrt{3}}{4}+$

$\dfrac{1}{4}\pi-\dfrac{3\sqrt{3}}{16}=\dfrac{5}{4}\pi-\dfrac{15\sqrt{3}}{16}=\dfrac{5}{4}\left(\pi-\dfrac{3\sqrt{3}}{4}\right)$

3 （平方根, 約数）

(1) $2<\sqrt{5}<3$より, $[\sqrt{5}]=2$

(2) $44^2=1936$, $45^2=2025$より, $44<\sqrt{2018}<45$ よって, $[\sqrt{2018}]=44$

(3) $\sqrt{m}$が44の約数であれば題意を満たすから, $\sqrt{m}=1$, 2, 4, 11, 22, 44 よって, mの値は1, 2^2, 4^2, 11^2, 22^2, 44^2の6個。

4 （直線の式, 座標, 面積）

(1) Aは$y=ax^2$上の点だから, $2=a\times(-2)^2$ $a=\dfrac{1}{2}$

(2) 直線OAの傾きは$-\dfrac{2}{2}=-1$だから, 直線ABの傾きは1となる。直線ABの式を$y=x+b$と

おくと, 点Aを通るから, $2=-2+b$ $b=4$ よって, $y=x+4$

(3) $y=\dfrac{1}{2}x^2$と$y=x+4$からyを消去して, $\dfrac{1}{2}x^2=x+4$ $x^2-2x-8=0$ $(x+2)(x-4)$

$=0$ $x=-2$, 4 よって, B$(4, 8)$ 直線BCの式を$y=-x+c$とおくと, 点Bを通る

から, $8=-4+c$ $c=12$ よって, $y=-x+12$ $y=\dfrac{1}{2}x^2$と$y=-x+12$からyを消去

して, $\dfrac{1}{2}x^2=-x+12$ $x^2+2x-24=0$ $(x-4)(x+6)=0$ $x=4$, -6 よって,

C$(-6, 18)$

(4) AB$=\sqrt{(4+2)^2+(8-2)^2}=6\sqrt{2}$, BC$=\sqrt{(4+6)^2+(18-8)^2}=10\sqrt{2}$ より, $\triangle$ABC$=\dfrac{1}{2}$

$\times6\sqrt{2}\times10\sqrt{2}=60$

5 (確率)

(1) さいころを2回投げるときの目の出方は，$6^2＝36$(通り)   2回投げてGにちょうど止まるのは，2回の目の和が10になるときであり，(4，6)，(5，5)，(6，4)の3通りあるので，その確率は，$\dfrac{3}{36}＝\dfrac{1}{12}$

(2) さいころを3回投げるときの目の出方は，$6^3＝216$(通り)   3回投げて1度も折り返すことなくGにちょうど止まるのは，3回の目の和が10になるときであり，(6，3，1)，(6，2，2)，(5，4，1)，(5，3，2)，(4，4，2)，(4，3，3)がある。(6，3，1)のように3つの目が異なるときの目の出方の数は，1回目に3通りの目の出方があり，そのそれぞれに対して2回目に2通りずつの目の出方がある。そして，3回目は残りの1通りの出方があるだけだから，$3×2×1＝6$(通り)   それが3組あるから，$6×3＝18$(通り)…①   (6，2，2)のように異なる目が1つのときには，その目が何回目に出るかで3通りの出方がある。それが3組あるから，$3×3＝9$(通り)…②   ①，②より，$18＋9＝27$(通り)あるので，その確率は，$\dfrac{27}{216}＝\dfrac{1}{8}$

(3) さいころを2回投げて折り返し，3回目でGにちょうど止まる目の出方は，(1回目，2回目，3回目)＝(5，6，1)，(6，5，1)，(6，6，2)の3通りあるから，3回投げてGに止まる確率は，$\dfrac{27＋3}{216}＝\dfrac{5}{36}$

6 (体積，水の深さ)

(1) 底面の1辺が6，高さが12の正四角すいの体積，$\dfrac{1}{3}×6×6×12＝144$ 深さ6だけ沈めた部分は小さな正四角すいとなり，元の正四角すいと相似であり，辺の比が2：1より，体積の比は$2^3：1^3＝8：1$となり，沈めた部分の体積は$144×\dfrac{1}{8}＝18$ これが，あふれ出た水の体積にもなる。

(2) はじめに容器に入っていた水の体積は，$6×6×12＝432$ 角すいの頂点が容器の底面に達したとき，角すいの体積分だけ水があふれることになるが，その体積は，$\dfrac{1}{3}×6×6×12＝144$ 残った水の体積は，$432－144＝288$ そのあと図2の状態にまで引き上げたとき，水面の面積が底面積の$\dfrac{3}{4}$であれば，水に入った部分の面積は底面の$1－\dfrac{3}{4}＝\dfrac{1}{4}$であり，面積が$\dfrac{1}{4}$であれば，底面の正方形の1辺は容器の底面の正方形の1辺の$\sqrt{\dfrac{1}{4}}＝\dfrac{1}{2}$であり，水面の中に入った角すいの部分は(1)の状態と同じで，その体積は18である。水の体積＋水中の角すいの体積は，$288＋18＝306$であり，容器内の水の深さは，$306÷(6×6)＝\dfrac{17}{2}$

解 答

$\boxed{1}$ (1) $(x+2)(x+4)(x^2+6x-4)$ (2) ① $\dfrac{4\pm\sqrt{22}}{3}$ ② $\dfrac{-2+\sqrt{22}}{3}$
③ $-88+22\sqrt{22}$

$\boxed{2}$ (1) 34通り (2) 240g

$\boxed{3}$ (1) $\dfrac{5}{6}$ (2) $\dfrac{5}{36}$ (3) $\dfrac{5}{72}$ (4) $\dfrac{5}{24}$

$\boxed{4}$ (1) ① $\dfrac{5}{3}$ ② $5:4$ (2) $\dfrac{5}{2}$ (3) ① $\dfrac{1}{2}$ ② $\dfrac{2}{3}$ (4) $\dfrac{10}{3}$

$\boxed{5}$ (1) $\dfrac{32\sqrt{2}}{3}$(cm³) (2) $\dfrac{12}{5}$(cm) (3) $\dfrac{24\sqrt{2}}{5}$(cm³)

配点 $\boxed{1}$〜$\boxed{4}$ 各5点×16 $\boxed{5}$ (1) 6点 他 各7点×2 計100点

解 説

$\boxed{1}$ (因数分解，2次方程式)

(1) $(x^2+6x)(x^2+6x+4)-32=(x^2+6x)^2+4(x^2+6x)-32=(x^2+6x+8)(x^2+6x-4)=$ $(x+2)(x+4)(x^2+6x-4)$

(2) ① $3x^2-8x-2=0$ 解の公式を用いて，$x=\dfrac{-(-8)\pm\sqrt{(-8)^2-4\times3\times(-2)}}{2\times3}$
$=\dfrac{8\pm\sqrt{88}}{6}=\dfrac{4\pm\sqrt{22}}{3}$

② $4<\sqrt{22}<5$より，$8<4+\sqrt{22}<9$ $\dfrac{8}{3}<\dfrac{4+\sqrt{22}}{3}<3$ $\dfrac{4+\sqrt{22}}{3}$の整数部分は2だから，
$p=\dfrac{4+\sqrt{22}}{3}-2=\dfrac{-2+\sqrt{22}}{3}$

③ $27p^3+18p^2-12p-8=9p^2(3p+2)-4(3p+2)=(3p+2)(9p^2-4)=(3p+2)(3p+2)$ $(3p-2)=(3p+2)^2(3p-2)$ $p=\dfrac{-2+\sqrt{22}}{3}$なので，$3p+2=-2+\sqrt{22}+2=\sqrt{22}$ $(3p+2)^2=(\sqrt{22})^2=22$ $3p-2=-2+\sqrt{22}-2=-4+\sqrt{22}$ よって，$27p^3+18p^2-12p-8=-88+22\sqrt{22}$

$\boxed{2}$ (場合の数，食塩水)

(1) ① 1段のぼりだけ8歩でのぼる方法が1通り ② 1段のぼり6歩と2段のぼり1歩でのぼる方法は，全部で7歩になるが，2段のぼりを何歩めにするかで7通りののぼり方がある。

③　1段のぼり4歩と2段のぼり2歩でのぼる方法は，全部で6歩になるが，2段のぼりを何歩めにするかで6×5÷2＝15（通り）ののぼり方がある。　　④　1段のぼり2歩と2段のぼり3歩でのぼる方法は，全部で5歩になるが，1段のぼりを何歩めにするかで5×4÷2＝10（通り）ののぼり方がある。　　⑤　2段のぼりだけ4歩でのぼる方法は1通り。以上①〜⑤ののぼり方があり，全部で，1＋7＋15＋10＋1＝34（通り）

(2)　$\left\{(600-x)\times\dfrac{8}{100}+x\times\dfrac{3}{100}\right\}\div600=\left\{x\times\dfrac{8}{100}+(400-x)\times\dfrac{3}{100}\right\}\div400$

$\dfrac{4800-8x+3x}{6}=\dfrac{8x+1200-3x}{4}$　　　　$9600-10x=15x+3600$　　　$-25x=-6000$

$x=240(\mathrm{g})$

$\boxed{3}$　（確率）

(1)　さいころを2回振ったときの目の出方は全部で，6×6＝36（通り）　　そのうち，1回目と2回目の出る目が同じになる場合は，(1，1)，(2，2)，(3，3)，(4，4)，(5，5)，(6，6)の6通り　　よって，求める確率は，$\dfrac{36-6}{36}=\dfrac{30}{36}=\dfrac{5}{6}$

(2)　さいころを3回振ったときの目の出方は全部で，6×6×6＝216（通り）　　そのうち，1回目と2回目の出る目が等しく，3回目の出る目が1回目，2回目と異なる場合は，6×5＝30（通り）　　よって，求める確率は，$\dfrac{30}{216}=\dfrac{5}{36}$

(3)　さいころを3回振ったとき，1回目と2回目の出る目が等しく，3回目の出る目が1回目，2回目より小さい場合は，(1回目と2回目，3回目)＝(2，1)，(3，1)，(3，2)，(4，1)，(4，2)，(4，3)，(5，1)，(5，2)，(5，3)，(5，4)，(6，1)，(6，2)，(6，3)，(6，4)，(6，5)の15通り　　よって，求める確率は，$\dfrac{15}{216}=\dfrac{5}{72}$

(4)　さいころを振ったとき，2回の出る目が等しく，残る1回はそれら2回よりも小さい目が出る場合は，(3)の15通りで，各々3通りずつ並び方があるから，15×3＝45（通り）　　よって，求める確率は，$\dfrac{45}{216}=\dfrac{5}{24}$

$\boxed{4}$　（辺の比，線分の長さ，面積）

(1)　①　PQ＝DQ＝x　　　QC＝DC−DQ＝3−x　　　△PQCにおいて三平方の定理を用いると，

PQ²＝QC²＋PC²　　$x^2=(3-x)^2+1^2$　　$x^2=9-6x+x^2+1$　　$6x=10$　　$x=\dfrac{10}{6}=\dfrac{5}{3}$

②　QC＝$3-\dfrac{5}{3}=\dfrac{4}{3}$　　　DQ：QC＝$\dfrac{5}{3}:\dfrac{4}{3}=5:4$

(2)　△CPQと△BTPにおいて，∠PCQ＝∠TBP＝90°　　∠SPQ＝∠ADQ＝90°だから，∠CPQ＝90°−∠BPT＝∠BTP　　よって，2組の角がそれぞれ等しいので，△CPQ∽△BTP　　よって，QP：PT＝CQ：BP　　$\dfrac{5}{3}:\mathrm{PT}=\dfrac{4}{3}:2$　　$\mathrm{PT}=\dfrac{5}{3}\times2\div\dfrac{4}{3}=\dfrac{5}{2}$

(3)　①　ST＝SP−PT＝$3-\dfrac{5}{2}=\dfrac{1}{2}$

第1回　第2回　第3回　第4回　第5回　第6回　第7回　第8回　第9回　第10回　解答用紙　公式集

② 2角が等しいことから，△STR∽△CPQ　　よって，ST：RS＝CP：QC　$\frac{1}{2}$：RS＝

1：$\frac{4}{3}$　　RS＝$\frac{1}{2}$×$\frac{4}{3}$÷1＝$\frac{2}{3}$

(4) 四角形PQRT＝四角形PQRS－△STR＝$\frac{1}{2}$×$\left(\frac{2}{3}+\frac{5}{3}\right)$×3－$\frac{1}{2}$×$\frac{1}{2}$×$\frac{2}{3}$＝$\frac{7}{2}$－$\frac{1}{6}$＝$\frac{21}{6}$－$\frac{1}{6}$

＝$\frac{20}{6}$＝$\frac{10}{3}$

5 （体積，線分の長さ）

(1) 点Oから面ABCDに垂線をひき，その交点をHとする。△ABCに着目すると1：1：$\sqrt{2}$ の

三角形なので，AC＝$\sqrt{2}$×AB＝$\sqrt{2}$×4＝$4\sqrt{2}$（cm）　　△OHCに着目するとCH＝$4\sqrt{2}$×

$\frac{1}{2}$＝$2\sqrt{2}$（cm）なので，三平方の定理より，OH＝$\sqrt{OC^2-HC^2}$＝$\sqrt{16-8}$＝$2\sqrt{2}$（cm）

したがって，正四角すいO－ABCDの体積は，4×4×$2\sqrt{2}$×$\frac{1}{3}$＝$\frac{32\sqrt{2}}{3}$（cm³）

(2) OHは面OAC上にあるので，線分EFはOHと

交わる。その点をIとすると，OI：HI＝OE：AE

＝3：1　　3点B，E，Fを通る平面は点Iを含む

ので，面OBDで考えると，点Gは直線BIとOD

の交点である。面OBDを表す図1において，点

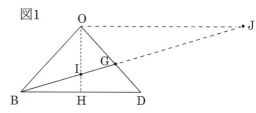

図1

Oを通るBDに平行な直線と直線BIとの交点をJとすると，OJ：HB＝OI：HI＝3：1　　点H

はBDの中点だから，OJ：DB＝3：2　　よって，OGはODの$\frac{3}{3+2}$＝$\frac{3}{5}$なので，OG＝4×$\frac{3}{5}$

＝$\frac{12}{5}$（cm）

(3) この立体は面OBDについて対称である。よって，面BEFで

切断された2つの立体の点Oを含む部分は，三角すいOBFGの体積

の2倍である。三角すいOBFGについて△OFGを底面として見る

と，△OCDを底面とした三角すいOBCDと高さが共通なので，体

積の比は底面積の比に等しい。図2で線分CGを引くと，△OFG：

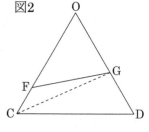

図2

△OCG＝OF：OC＝3：4　　△OFG＝$\frac{3}{4}$△OCG…①

△OCG：△OCD＝OG：OD＝3：5　　△OCG＝$\frac{3}{5}$△OCD…②　　②を①に代入すると，

△OFG＝$\frac{9}{20}$△OCD　　よって，三角すいOBFGの体積は三角すいOBCDの体積の$\frac{9}{20}$である。

同様に，三角すいOBEGの体積は三角すいOBADの体積の$\frac{9}{20}$だから，四角すいO－BFDEの

体積は，$\frac{32\sqrt{2}}{3}$×$\frac{9}{20}$＝$\frac{24\sqrt{2}}{5}$（cm³）

解 答

1 (1) $\dfrac{7}{360}$　　(2)　101個　　(3)　3個

2 (1)　5　　(2)　42, 44, 45　　(3)　26　　(4)　17

3 (1)　解説参照　　(2)　$t=\dfrac{-1+\sqrt{5}}{2}$

4 (1)　$\dfrac{2}{9}$　　(2)　$\dfrac{17}{81}$　　(3)　$\dfrac{2}{27}$

5 (1)　$5\sqrt{3}$ (cm)　　(2)　$\dfrac{5\sqrt{6}}{3}$(cm)　　(3)　$25\sqrt{3}$ (cm²)

配点　1 各5点×3　　2 各7点×4　　3 (1) 8点　　(2) 7点
　　　4 各6点×3　　5 各8点×3　　計100点

解 説

1 （式の計算，最小公倍数，確率）

(1) $\dfrac{1}{4\times5\times6}+\dfrac{1}{5\times6\times7}+\dfrac{1}{6\times7\times8}+\dfrac{1}{7\times8\times9}+\dfrac{1}{8\times9\times10}=\dfrac{1}{2}\left(\dfrac{1}{4\times5}-\dfrac{1}{5\times6}\right)+\dfrac{1}{2}\left(\dfrac{1}{5\times6}-\dfrac{1}{6\times7}\right)+\dfrac{1}{2}\left(\dfrac{1}{6\times7}-\dfrac{1}{7\times8}\right)+\dfrac{1}{2}\left(\dfrac{1}{7\times8}-\dfrac{1}{8\times9}\right)+\dfrac{1}{2}\left(\dfrac{1}{8\times9}-\dfrac{1}{9\times10}\right)=\dfrac{1}{2}\left(\dfrac{1}{4\times5}-\dfrac{1}{9\times10}\right)=\dfrac{1}{2}\left(\dfrac{9}{180}-\dfrac{2}{180}\right)=\dfrac{7}{360}$

(2) 4で割ると3余る数は，3，7，11，15，……　　5で割ると2余る数は，2，7，12，17，……　　一番小さい数は7で，その後は，7に4と5の最小公倍数の20を加えた数となる。つまり，7，7＋20，7＋20×2，7＋20×3，……　　2018－7＝2011　　2011÷20＝100余り11なので，2018以下で2018に最も近い数は，7＋20×100＝2007　　よって，100＋1＝101（個）ある。

(3) 袋A，Bから取り出した玉が同じ組み合わせは(赤，赤)(白，白)の2通りしかない。袋Aの赤玉をx(個)とすると，白玉は13－x(個)となるため，(赤，赤)となる確率は$\dfrac{x}{13}\times\dfrac{2}{6}=\dfrac{x}{39}$ (白，白)となる確率は$\dfrac{13-x}{13}\times\dfrac{4}{6}=\dfrac{26-2x}{39}$　　したがって，球の色が同じ確率が$\dfrac{23}{39}$であることから，$\dfrac{x}{39}+\dfrac{26-2x}{39}=\dfrac{23}{39}$　　これを解くと，$x=3$となり，はじめから入っていた赤玉の個数は3個とわかる。

2 （素因数の数）

(1) $360=2^3\times3^2\times5$より，素因数2の個数は3，素因数3の個数は2なので，S$(360)=3+2=5$

(2) S$(n)=2$となるのは，nの素因数2が2個，すなわちnが4の倍数である場合…①，nの素因数2と素因数3が1個ずつ，すなわちnが6の倍数である場合…②，nの素因数3が2個，すなわちnが9の倍数である場合…③である。①のとき，$40\leqq n\leqq50$を満たす4の倍数は$40=2^3\times5$，$44=2^2\times11$，$48=2^4\times3$となり，それぞれS$(40)=3$，S$(44)=2$，S$(48)=5$となるので，S$(n)=2$を満たすnは$n=44$　次に②のとき，$40\leqq n\leqq50$を満たす6の倍数は$42=2\times3\times7$，$48=2^4\times3$となり，それぞれS$(42)=2$，S$(48)=5$となるので，S$(n)=2$を満たすnは$n=42$　さらに③のとき，$40\leqq n\leqq50$を満たす9の倍数は$45=3^2\times5$となり，S$(45)=2$となるので，S$(n)=2$を満たすnは$n=45$　よって，S$(n)=2$，$40\leqq n\leqq50$を満たす自然数nは小さい順に42，44，45

(3) 1から20までの自然数のうち，素因数2をもつ数は2の倍数であり，$2=2^1$，$4=2^2$，$6=2\times3$，$8=2^3$，$10=2\times5$，$12=2^2\times3$，$14=2\times7$，$16=2^4$，$18=2\times3^2$，$20=2^2\times5$となることから，2の倍数の積がもつ素因数2と素因数3の個数の和はS$(2\times4\times6\times8\times10\times12\times14\times16\times18\times20)=1+2+2+3+1+3+1+4+3+2=22$となる。また，素因数3をもつ数すなわち3の倍数のうち，2と3の公倍数を除いた数は，$3=3^1$，$9=3^2$，$15=3\times5$となることから，S$(3\times9\times15)=4$となる。さらに，2の倍数でも3の倍数でもない数は素因数2と3をもたない。よって，1から20までの自然数の積がもつ素因数2の個数と素因数3の個数の和は$22+4+0=26$となるので，S$(1\times2\times3\times4\times\cdots\cdots\times20)=26$

(4) pを2の倍数でも3の倍数でもない自然数とし，$a+b=5$（$2^0=1$，$3^0=1$なので，a，bは0以上5以下の整数）とすれば，$m=2^a\times3^b\times p$と表される。同様に，qを2の倍数でも3の倍数でもない自然数とし，$c+d=7$（c，dは0以上7以下の整数）とすれば，$n=2^c\times3^d\times q$と表される。よって，$m^2n=(2^a\times3^b\times p)^2\times(2^c\times3^d\times q)=2^{2a+c}\times3^{2b+d}\times p^2q$　よって，S$(m^2n)=2a+c+2b+d=2(a+b)+(c+d)=2\times5+7=17$

3 （証明，座標）

(1) 点Aは$y=x$上の点だから，A$(a,\ a)$　線分ADはx軸に平行だから，点AとDのy座標は等しく，D$(t,\ a)$　点Cは$y=x^2$上の点だから，C$(t,\ t^2)$　線分BCはx軸に平行だから，点BとCのy座標は等しく，B$(a,\ t^2)$　このとき，AB＝DC＝$a-t^2$，AD＝BC＝$t-a$だから，長方形ABCDの周の長さLは，2AB＋2BC＝$2(a-t^2)+2(t-a)=-2t^2+2t$となり，aの値には関係しない。

(2) 四角形ABCDが正方形になるとき，AB＝BC　$a-t^2=t-a$　$a=\dfrac{1}{2}$を代入して整理すると，$t^2+t-1=0$　解の公式を用いて，$t=\dfrac{-1\pm\sqrt{1^2-4\times1\times(-1)}}{2\times1}=\dfrac{-1\pm\sqrt{5}}{2}$　$t>0$より，$t=\dfrac{-1+\sqrt{5}}{2}$

第1回 第2回 第3回 第4回 第5回 第6回 第7回 第8回 第9回 第10回 解答用紙 公式集

4 （確率）

(1) ○で囲まれた点の個数が3個となるのは，1回目に引いたカードがCかGの場合だから，求める確率は，$\dfrac{2}{9}$

(2) 1回目にA，B，Dのカードを引いたときには，それぞれ2回目にCまたはGのカードを引けばよいから，$3 \times 2 = 6$（通り）　1回目にC，Gのカードを引いたときには，それぞれ2回目にG，Cのカードを引けばよいから2通り　1回目にEのカードをひいたときには，2回目にC，E，Gのどれかのカードを引けばよいから3通り　1回目にFのカードを引いたときに，2回目にはA，D，Gのどれかのカード，1回目にHのカードを引いたときには，2回目にA，B，Cのどれかのカードを引けばよいから，$3 \times 2 = 6$（通り）　よって，$6 + 2 + 3 + 6 = 17$（通り）ある。9枚のカードを2回ひくときのカードの出方の総数は$9 \times 9 = 81$（通り）だから，その確率は，$\dfrac{17}{81}$

(3) ○でも□でも囲まれていない点の個数が3個となるのは，引いた2枚のカードが，（1回目，2回目）＝(B, E)，(C, G)，(D, E)，(E, F)，(E, H)，(G, C)の6通り　よって，求める確率は，$\dfrac{6}{9 \times 9} = \dfrac{2}{27}$

5 （線分の長さ，面積）

(1) 正方形の対角線の長さは1辺の長さの$\sqrt{2}$ 倍だから，$BG = \sqrt{2}\,BC = 5\sqrt{2}$　　ABは面BFGCに垂直であり，BGは面BFGC上の直線なので，$AB \perp BG$　よって，△ABGは直角三角形だから，$AG = \sqrt{AB^2 + BG^2} = \sqrt{5^2 + (5\sqrt{2})^2} = \sqrt{75} = 5\sqrt{3}$ (cm)

(2) $\angle ABG = 90°$なので，△ABGの面積は，$\dfrac{1}{2} \times AB \times BG$　また，$BI \perp AG$であることから，△ABGの面積は，$\dfrac{1}{2} \times AG \times BI$　よって，$AB \times BG = AG \times BI$　$BI = AB \times BG \div AG = 5 \times 5\sqrt{2} \div 5\sqrt{3}$ $= \dfrac{5\sqrt{2}}{\sqrt{3}} = \dfrac{5\sqrt{6}}{3}$(cm)

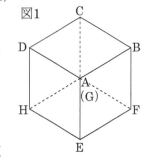

図1

(3) 図1は，立方体ABCD－EFGHを平面Pに垂直な方向から見たものであり，図2は，平面P上にできる立方体の影を表している。①点C，E，F，Hから対角線AGまでの距離は，いずれも点BからAGまでの距離と等しい。②正方形ABCD，ADHE，AEFBはAGに対して同様の位置にあるので，$\angle B'GD' = \angle D'GE' = \angle E'GB' = 120°$である。③辺BCと辺DCはAGに対して同様の位置にあるので，$B'C' = D'C'$である。①〜③のことから，影の図形は，点Gからの距離が$\dfrac{5\sqrt{6}}{3}$cmである6個の点を頂点とする正六角形といえる。正六角形は合同な正三角形を6個合わせた図形であり，正三角形は1辺の長さをaとしたときの高さが$\dfrac{\sqrt{3}}{2}a$，面積が$\dfrac{\sqrt{3}}{4}a^2$で表されるから，影の面積は，$\dfrac{\sqrt{3}}{4} \times \left(\dfrac{5\sqrt{6}}{3}\right)^2 \times 6 = \dfrac{\sqrt{3}}{4} \times \dfrac{25 \times 6}{9} \times 6 = 25\sqrt{3}$ (cm²)

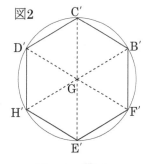

図2

1

(1)	
(2)	
(3)	
(4)	

2

(1)	$x=$ $y=$

(2)	a		b	
	c		d	
	e			

(3)	個

(4)	$a=$

3

(1)	$a=$
(2)	
(3)	

4

(1)	°
(2)	°
(3)	

5

(1)	cm³
(2)	:
(3)	cm³
(4)	cm

1	/20	2	/20	3	/18	4	/18	5	/24

/100

1

(1)	
(2)	
(3)	
(4)	

2

(1)	
(2)	$x=$ $y=$
(3)	$x=$ $y=$
(4)	

3

(1)	AC=
(2)	:
(3)	$\angle x=$ °

4

(1)	
(2)	$a=$
(3)	D (,)

5

(1)	:
(2)	
(3)	

第1回 第2回 第3回 第4回 第5回 第6回 第7回 第8回 第9回 第10回

解答用紙
公式集

| 1 /20 | 2 /23 | 3 /19 | 4 /19 | 5 /19 | /100 |

1

(1)	
(2)	
(3)	
(4)	

2

(1)	$x=$
	$y=$
(2)	

(3)	小学生	中学生
	人	． 人
	高校生	
	人	

(4)	$z=$

3

(1)	cm²
(2)	$k=$
(3)	cm

4

(1)	A (，)
	B (，)
(2)	Q (，)
(3)	P (，)
(4)	

5

(1)	°
(2)	
(3)	

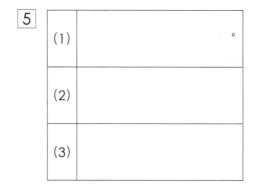

| 1 | ／16 | 2 | ／21 | 3 | ／15 | 4 | ／27 | 5 | ／21 | ／100 |

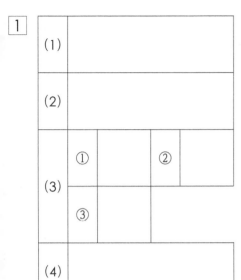

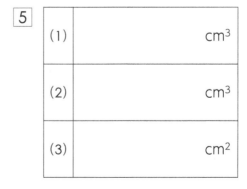

第1回
第2回
第3回
第4回
第5回
第6回
第7回
第8回
第9回
第10回

解答用紙

公式集

1 ⎯⎯/20　　2 ⎯⎯/15　　3 ⎯⎯/23　　4 ⎯⎯/24　　5 ⎯⎯/18　　⎯⎯/100

65 第5回 解答用紙

1

(1)	
(2)	
(3)	組

2

(1)	①	
	②	
(2)	①	
	②	

3

(1)	
(2)	
(3)	
(4)	

4

(1)	
(2)	
(3)	
(4)	

5

(1)	
(2)	
(3)	

1	2	3	4	5	
/15	/20	/24	/20	/21	/100

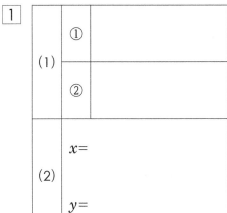

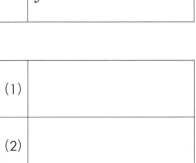

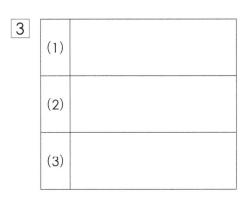

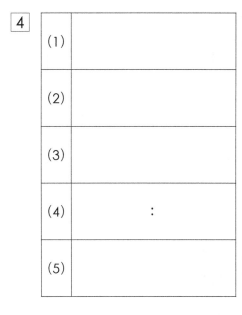

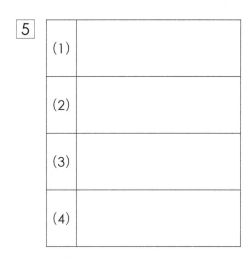

1	2	3	4	5	
／15	／12	／16	／30	／27	／100

1

(1)	
(2)	
(3)	

2

(1)	$a=$	
	$b=$	
(2)	$x=$	
(3)	①	
	②	

3

(1)		冊
(2)		冊

4

(1)	
(2)	
(3)	

5

(1)	
(2)	
(3)	

6

(1)	
(2)	

1	/16	2	/19	3	/12	4	/18	5	/21	6	/14		/100

第1回
第2回
第3回
第4回
第5回
第6回
第7回
第8回
第9回
第10回

1

(1)	
(2)	
(3)	

2

(1)	$x=$ $y=$
(2)	個
(3)	

3

(1)	
(2)	
(3)	個

4

(1)	$a=$
(2)	
(3)	C (,)
(4)	

5

(1)	
(2)	
(3)	

6

(1)	
(2)	

解答用紙

公式集

65 第9回 解答用紙

1

(1)		
(2)	①	
	②	
	③	

2

(1)	通り
(2)	g

3

(1)	
(2)	
(3)	
(4)	

4

(1)	①	
	②	:
(2)		
(3)	①	
	②	
(4)		

5

(1)	cm^3
(2)	cm
(3)	cm^3

1	2	3	4	5	
/20	/10	/20	/30	/20	/100

第1回

第2回

第3回

第4回

第5回

第6回

第7回

第8回

第9回

第10回

1

(1)	
(2)	個
(3)	個

2

(1)	
(2)	
(3)	
(4)	

3

(1)	
(2)	

4

(1)	
(2)	
(3)	

5

(1)	cm
(2)	cm
(3)	cm^2

1	/15	2	/28	3	/15	4	/18	5	/24	/100

公式集（＆解法のポイント）

指数

◎m, nを自然数とするとき，

・$a^m \times a^n = a^{m+n}$

・$(a^m)^n = a^{mn}$

・$a^m \div a^n = a^{m-n}$

（例）$a^5 \times a^2 = a^{5+2} = a^7$

$(a^5)^2 = a^{5 \times 2} = a^{10}$

$a^5 \div a^2 = a^{5-2} = a^3$

◎$m = n$のとき，$a^m \div a^n = a^0 = 1$

◎$m < n$のとき，$a^m \div a^n = \dfrac{1}{a^{n-m}}$

計算の工夫

◎置き換えができるものは置き換えて計算する。

（例）$1992 \times 2008 - 1998 \times 1997$

$2000 = $Aとおくと，

$(A-8)(A+8) - (A-2)(A-3)$

$= A^2 - 64 - A^2 + 5A - 6$

$= 5A - 70$

$= 9930$

整数・自然数

◎約数を1とその数自身の2個だけもつ自然数を「素数」という。

（例）2，3，5，7，11，13，17，19，……

◎自然数Aが素数a，bを用いて，$A = a^x \times b^y$と

素因数分解できるとき，

・Aの約数の個数は$(x+1)(y+1)$個である。

・Aの約数の総和は，

$(1 + a + a^2 + \cdots\cdots + a^x)(1 + b + b^2 + \cdots\cdots + b^x)$で求められる。

（例）$72 = 2^3 \times 3^2$なので，

72の約数の個数は，$(3+1) \times (2+1) = 12$（個）

72の約数の総和は，$(1 + 2 + 2^2 + 2^3) \times (1 + 3 + 3^2)$

$= 15 \times 13 = 195$

◎2つの自然数A，Bの最大公約数をG，最小公倍数をLとする。

$A = Ga$，$B = Gb$と表せるとき，

・aとbは1以外に公約数をもたない。

・$L = Gab$，$AB = GL$となる。

（例）$24 = 2^3 \times 3$，$90 = 2 \times 3^2 \times 5$

$G = 2 \times 3 = 6$　　$24 = 6 \times 4$，$90 = 6 \times 15$

$L = 6 \times 4 \times 15 = 2^3 \times 3^2 \times 5 = 360$

$24 \times 90 = 6 \times 360 = 2160$

式の値

◎式を簡単にしてから代入する。

（例）$x=2$, $y=-\dfrac{1}{3}$ のとき，$\dfrac{2x(x^2-y)-xy}{x}$ の値を求める。

$\dfrac{2x(x^2-y)-xy}{x}=2x^2-3y=8+1=9$

◎展開したり因数分解したりして，式を変形して代入する方法がある。

その他に，以下の形にも慣れておこう。

・$x^2+y^2=(x+y)^2-2xy$

・$x^2+\dfrac{1}{x^2}=\left(x+\dfrac{1}{x}\right)^2-2$

◎ $x=\sqrt{a}+b$ の形は，$x-b=\sqrt{a}$ として，

$(x-b)^2=a$ が利用できることがある。

（例）$x=\sqrt{3}+2$ のとき，$(x-2)^2=3$　　$x^2-4x=3-4=-1$ なので，

x^2-4x+7 の値は，$-1+7=6$

比例式

◎ $a:b=c:d$ のとき，

・$a:c=b:d$

・$a:(a+b)=c:(c+d)$

・$ad=bc$

二次方程式

◎ $x^2=a$ の形　⇔　$x=\pm\sqrt{a}$

◎因数分解の利用

$(x-a)(x-b)=0$　⇔　$x=a$, $x=b$

◎ $(x+a)^2=$ A の形に変形

（例）$x^2+6x=2$　　　$x^2+6x+9=2+9$

$(x+3)^2=11$　　　$x=-3\pm\sqrt{11}$

◎解の公式を確実に覚えて使ってもよい。

$ax^2+bx+c=0$　⇒　$x=\dfrac{-b\pm\sqrt{b^2-4ac}}{2a}$

◎ $ax^2+bx+c=0$ の解を m, n とする。

$a(x-m)(x-n)=0$ の解も m, n なので，

$a\{(x-m)(x-n)\}=ax^2+bx+c$

$x^2-(m+n)x+mn=x^2+\dfrac{b}{a}x+\dfrac{c}{a}$

つまり，2つの解の和は $-\dfrac{b}{a}$，積は $\dfrac{c}{a}$

乗法公式と因数分解

◎基本形

・$x(a+b)\Leftrightarrow ax+bx$

・$(x+a)(x+b)\Leftrightarrow x^2+(a+b)x+ab$

・$(x+a)^2\Leftrightarrow x^2+2ax+a^2$

・$(x-a)^2\Leftrightarrow x^2-2ax+a^2$

・$(x+a)(x-b)\Leftrightarrow x^2-a^2$

◎複雑な式は，部分的に因数分解して，基本の形が使えるように変形する。

（例）$a^2+2ab-3a-6b=a(a+2b)-3(a+2b)$

$a+2b=$ A とおくと，

$aA-3A=A(a-3)=(a-3)(a+2b)$

（例）$a^2-2ab+b^2-a+b-6=(a-b)^2-(a-b)-6$

$a-b=$ A とおくと，

$A^2-A-6=(A-3)(A+2)=(a-b-3)(a-b+2)$

平方根

◎ $a>0$, $b>0$ であるとき,

・$a>b$ ⇔ $\sqrt{a}>\sqrt{b}$

・$\sqrt{a}\sqrt{b}=\sqrt{ab}$

・$\dfrac{\sqrt{a}}{\sqrt{b}}=\sqrt{\dfrac{a}{b}}=\dfrac{\sqrt{a}\times\sqrt{b}}{\sqrt{b}\times\sqrt{b}}=\dfrac{\sqrt{ab}}{b}$

（分母を有理数にする）

◎ aを自然数とするとき, $a\leqq\sqrt{x}<a+1$ ならば,

・$\sqrt{x}$の整数部分はa, 小数部分は$\sqrt{x}-a$

（例）$\sqrt{4}\leqq\sqrt{7}<\sqrt{9}$ なので, $2\leqq\sqrt{7}<3$

よって, $\sqrt{7}$の整数部分は2, 小数部分は, $\sqrt{7}-2$

◎ $\sqrt{a^2\times b^2\times c^2\times\cdots\cdots}=a\times b\times c\times\cdots\cdots$

（例）$\sqrt{60A}=\sqrt{2^2\times3\times5\times A}$の場合,

A$=3\times5$のときに,

$\sqrt{60A}=2\times3\times5$となる。

比例と反比例

◎ 比例定数をaとすると,

yがxに比例するとき, $\dfrac{y}{x}=a$, $y=ax$

yがxに反比例するとき, $xy=a$, $y=\dfrac{a}{x}$

一次関数

◎ 一次関数$y=ax+b$において,

・aは, 変化の割合$=\dfrac{y の値の増加量}{x の値の増加量}$

または, グラフの傾きを表す。

・bは$x=0$のときのyの値, または, y軸との交点のy座標を表す。

◎ 2直線$y=ax+b$, $y=cx+d$において,

・2直線が平行 ⇔ $a=c$

・2直線が垂直 ⇔ $ac=-1$

整数・自然数

◎ yがxの2乗に比例する関数, $y=ax^2$では, 変化の割合は一定ではない。

◎ $y=ax^2$のグラフは原点を通る放物線であり, $a<0$のときには下に開く。

◎ $y=ax+b$, $y=ax^2$のグラフ上の点のx座標をm, nとすると, その点のy座標はそれぞれ $am+b$, an^2と表される。

◎ グラフの交点の座標は, 2つのグラフの式を連立方程式とみて求めることができる。

放物線$y=ax^2$と直線$y=mx+n$の交点のx座標は, 二次方程式$ax^2=mx+n$の解である。

・放物線$y=ax^2$と直線$y=mx+n$の交点のx座標をp, qとすると, xの値がpからqまで変化するときの変化の割合, つまり 2つの交点を通る直線の傾きmは, $m=a(p+q)$

関数・グラフと図形

◎3点A，B，Cの座標がわかっているときの△ABCの面積の求め方

・x軸，y軸に平行な直線をひいて，三角形の外側に長方形を作り，長方形の面積から周りの三角形の面積を引く。

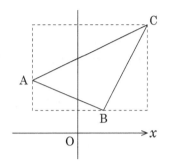

・どれかの頂点を通り，その頂点と向かい合う辺に平行な直線をひいて等積変形を利用する。

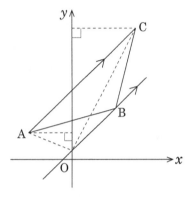

・どれかの頂点を通るy軸に平行な直線をひいて，2つの三角形に分けて求める。

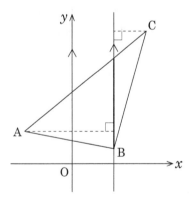

三角形

◎三角形の各辺の垂直二等分線は1点で交わり，その点から各頂点までの距離は等しいので，その点(外心という)を中心として三角形に外接する円をかくことができる。

◎三角形の各頂角の二等分線は1点で交わり，その点から各辺までの距離は等しいので，その点(内心という)を中心として三角形に内接する円をかくことができる。

・3辺の長さと面積がわかると内接する円の半径が求められる。△ABC＝△IAB＋△IBC＋△ICA

$$\frac{1}{2}r(a+b+c)＝△ABCの面積$$

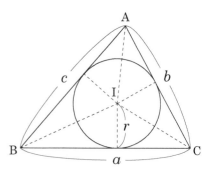

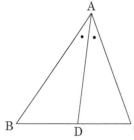

◎三角形の内角の二等分線は，その角と向かい合う辺を，その角を作る2辺の比に分ける。

AB：AC＝BD：DC

◎三角形の各頂点と向かい合う辺の中点を結ぶ線分(中線という)は1点で交わり，その点(重心という)は中線を2：1の比に分ける。

・中点連結定理により，MN//BC，$MN＝\frac{1}{2}BC$

MN//BCなので，BG：NG＝CG：MG＝BC：NM＝2：1

◎高さの等しい三角形では，面積の比は底辺の比に等しい。

△ABD：△ACD＝BD：CD

◎ ℓ //m ⇔ △PAB＝△QAB，
△PRA＝△QRB

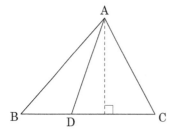

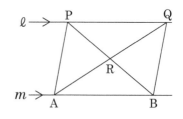

三角形の外角

◎三角形の外角はそのとなりにない内角の和に等しい。

(例) ∠ACD＝∠A＋2b ∠ECD＝$\frac{1}{2}$∠A＋b

∠E＝∠ECD－b ∠E＝$\frac{1}{2}$∠A   ∠ECF＝90°

∠BFC＝∠ECF＋∠E＝90°＋$\frac{1}{2}$∠A

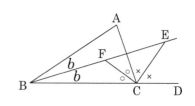

特殊な直角三角形

◎内角の大きさが15°，75°，90°の直角三角形の辺の比は$1:(2+\sqrt{3}):(\sqrt{6}+\sqrt{2})$である。
BC＝1，∠BDC＝30°，∠BEC＝45°とすると，∠DBA
＝∠DAB＝15°　　内角の大きさが30°，60°，90°の
直角三角形と内角の大きさが45°，45°，90°の直角三角
形の辺の比を用いると，BD＝2，DC＝$\sqrt{3}$　　AD＝BD
＝2　　よって，AC＝$2+\sqrt{3}$　　DBは∠ABEの二等分線だから，AB：BE＝AD：DE＝
$2:(\sqrt{3}-1)$　　BE＝$\sqrt{2}$だから，AB＝$\dfrac{2\sqrt{2}}{\sqrt{3}-1}=\sqrt{6}+\sqrt{2}$

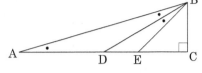

多角形の角

◎n角形は1つの頂点から$(n-3)$本の対角線をひくことができて，
それによって，$(n-2)$個の三角形に分けることができる。
・n角形の内角の和は，$(n-2)\times180°$
・n角形の外角の和は，nの値にかかわらず，360°

円の性質

◎∠ACB＝$\dfrac{1}{2}$∠AOB
◎円に内接する四角形は，対角の和が180°になる。
・∠ACB＋∠ADB＝180°
・∠ADE＝∠ACB＝180°－∠ADB
◎OA⊥PA，OB⊥PB
◎PA＝PB

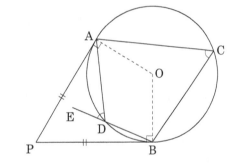

◎円の接線と接点を通る弦との作る角は，
その角内にある弧に対する円周角に等しい。
・∠CAT＝∠ABC
　（＝∠ADC＝90°－∠CAD）

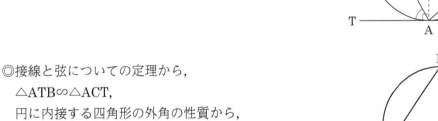

◎接線と弦についての定理から，
△ATB∽△ACT，
円に内接する四角形の外角の性質から，
△ACD∽△AEB
・AT^2＝AB×AC＝AE×AD

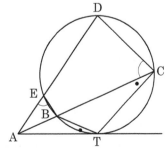

第1回
第2回
第3回
第4回
第5回
第6回
第7回
第8回
第9回
第10回
解答用紙
公式集

◎内角の大きさが30°，60°，90°の直角三角形 ⇔ 3辺の比が $2：1：\sqrt{3}$

◎内角の大きさが45°，45°，90°の直角三角形 ⇔ 3辺の比が $1：1：\sqrt{2}$

◎1辺の長さが a の正三角形の高さは，

$\dfrac{\sqrt{3}}{2}a$，面積は $\dfrac{\sqrt{3}}{4}a^2$

◎3辺の長さがわかっている三角形は
面積を求めることができる。

BH $=x$ とすると，

AH$^2=c^2-x^2=b^2-(a-x)^2$

x を求め，高さAH を求める。

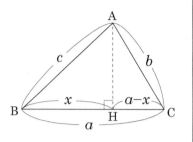

◎1辺の長さが a の正四面体の高さは，

$\mathrm{AG}=\dfrac{2}{3}\mathrm{AM}=\dfrac{\sqrt{3}}{3}a$

$\mathrm{OG}=\sqrt{\mathrm{OA}^2-\mathrm{AG}^2}=\dfrac{\sqrt{6}}{3}a$

体積は，$\dfrac{1}{3}\times\dfrac{\sqrt{3}}{4}a^2\times\dfrac{\sqrt{6}}{3}a=\dfrac{\sqrt{2}}{12}a^3$

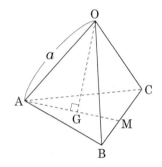

◎球が多角形に内接，あるいは外接
している場合には，球の中心を通
る平面で切断して考えると解決す
ることが多い。

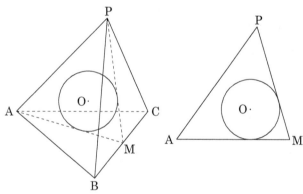

◎頂点から底面にひく垂線が底面の
外側を通る場合がある。

(例)三角錐AMCNの体積は，$\dfrac{1}{3}\times\triangle\mathrm{MCN}\times\mathrm{AD}$

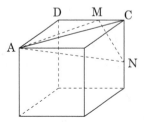

◎点から平面への距離は，体積を
2通りに表して求められること
がある。

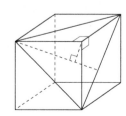

平行線と線分の比

◎AB//CDのとき,

$$OA : AC = OB : BD$$
$$= AB : CD$$
$$OA : OC = OB : OD$$
$$= AB : CD$$

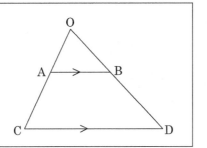

面積の比・体積の比

◎AD : DB = $a : b$, AE : EC = $c : d$のとき,

$$\triangle ADE = \frac{a}{a+b} \triangle ABE$$
$$\triangle ABE = \frac{c}{c+d} \triangle ABC$$
$$\triangle ADE = \frac{a}{a+b} \times \frac{c}{c+d} \triangle ABC$$

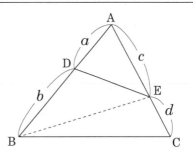

◎三角すいAPQRの体積は，三角すいABCDの体積の$\dfrac{AP}{AB} \times \dfrac{AQ}{AC} \times \dfrac{AR}{AD}$である。

△APQ, △ABCを底面とみたときの高さは，それぞれ，点R, 点Dから面APQ, 面ABCまでの距離で，その比は，

AR : AD　　よって，三角すいAPQRの高さは三角すいABCDの高さの$\dfrac{AR}{AD}$　　したがって，三角すいAPQRの体積は，三角すいABCDの体積の$\dfrac{AP}{AB} \times \dfrac{AQ}{AC} \times \dfrac{AR}{AD}$

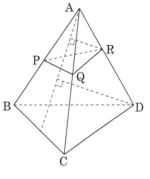

最短距離

◎直線に関して対称な点が役立つことがある。

（例）BP=B′Pなので，AP+BP=AP+B′P
　　　よって，線分AB′の長さが最短距離

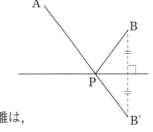

◎空間図形では展開図で考える。

（例）点Aから直方体の表面を通って点Gに至る最短距離は，展開図の長方形の対角線の長さである。

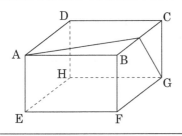
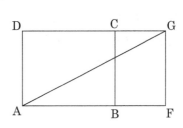

95

座標平面上の2点

◎2点$A(x_1, y_1)$，$B(x_2, y_2)$があるとき，

・線分ABの中点Mの座標は，$\left(\dfrac{x_1+x_2}{2}, \dfrac{y_1+y_2}{2}\right)$

・線分ABの長さは，$\sqrt{(x_2-x_1)^2+(y_2-y_1)^2}$

確率

◎起こりうるすべての場合の数がN通りあって，それらはすべて同様に確からしいとする。そのうち，あることがらAの起こる場合の数がa通りあるとするとき，

・(Aの起こる確率)$=\dfrac{a}{N}$

・(Aの起こらない確率)$=1-\dfrac{a}{N}$

(例)3枚の硬貨を投げるとき，少なくとも1枚は表になる確率は，$1-\dfrac{1}{2^3}=\dfrac{7}{8}$

場合の数

◎あることがらAにa通りの場合があり，そのそれぞれに対して，別のことがらBにb通りの場合があり，さらにそれらに対して，Cにc通りの場合があり，……

　このときの場合の数は，$a\times b\times c\times\cdots\cdots$(通り)

◎異なるn個のものからr個を取り出して一列に並べるときの並べ方の数

　$n\times(n-1)\times(n-2)\times\cdots\cdots\times(n-r+1)$

◎異なるn個のものからr個を取り出すときの取り出し方の数

　$\dfrac{n\times(n-1)\times(n-2)\times\cdots\cdots\times(n-r+1)}{r\times(r-1)\times(r-2)\times\cdots\cdots\times2\times1}$

(例)7人の生徒から4人のリレー選手を選ぶとき，走る順番も決めて選ぶ場合は，

　$7\times6\times5\times4=840$(通り)

(例)走る順番は決めないで4人を選ぶだけの場合は，

　$\dfrac{7\times6\times5\times4}{4\times3\times2\times1}=35$(通り)

◎n個のものを並べるとき，そのうちのr個が区別がつかないものであるとき，並べ方の数は，

　$\dfrac{n\times(n-1)\times(n-2)\times\cdots\cdots\times1}{r\times(r-1)\times(r-2)\times\cdots\cdots\times1}$

(例)a, b, c, d, e, e, eの7文字の並べ方の数は，$\dfrac{7\times6\times5\times4\times3\times2\times1}{3\times2\times1}$

　　　x, x, x, x, y, y, yの7文字の並べ方の数は，$\dfrac{7\times6\times5\times4\times3\times2\times1}{4\times3\times2\times1\times3\times2\times1}$

◎サイコロをふるときの目の出方の総数

　・2個(2回)の場合は，6^2　　　3個(3回)の場合は，6^3

MEMO

大切なことはメモしておこうネ!

大切なことはメモしておこうネ！

大切なことはメモしておこうネ！

大切なことはメモしておこうネ！

東京学参のWebサイトが便利になりました！

こんな時、ぜひ東京学参のWebサイトをご利用下さい！

こんな時、ぜひ東京学参の
Webサイトをご利用下さい！
- 欲しい本が見つからない。
- 商品の取り寄せに時間がかかって困る。
- 毎日忙しくて時間のやりくりが大変。
- 重たい本を持ち運ぶのがつらい。

東京学参のWebサイトはココが便利！
- お支払はクレジットか代金引換を選べます。
- 15時00分までのお申込みなら当日出荷保証。

最短で翌日午前中に商品が受け取れます！
（土・日・祝、夏期・年末年始休暇は除きます。お届けまでの時間は地域によって異なります。詳しくはお問い合わせ下さい。お荷物は佐川急便がお届け致します）

まずはここをクリック！

東京学参株式会社　www.gakusan.co.jp

高校入試　特訓シリーズ
難関徹底攻略・完全攻略
《徹底した解説・解答、充実の最新刊》

☆英語　難関徹底攻略33選

難関突破に必要な文法解説から長文読解対策まで完全網羅。
難関校で出題される中学校の範囲を超えた問題も収録し、
高いレベルの問題の実戦練習ができます。
　B5判　331ページ　定価　本体2,000円＋税

☆数学　難関徹底攻略700選

難関校の数学・最新入試問題を徹底分析。
数学を楽しむ多種多様な解法での詳しい解説。
解答編だけでも学べる、充実の解説編250ページ
　B5判　368ページ　定価　本体2,000円＋税

☆国語長文　難関徹底攻略30選

難関校攻略へのアプローチ法と詳しい解説。
入試によく出る作家・テーマをラインナップ。
難解な記述式問題の攻略法を伝授。
　B5判　276ページ　定価　本体2,000円＋税

◎英語長文難関攻略30選

全国最難関校より厳選。ジャンル別ステップ方式。本文読解のため
の詳しい構文・文法解説付き。
論説文(自然科学・社会科学)・物語文・歴史・伝記・紹介文・エッセイ・
会話文・手紙文・資料読解。
　B5判　256ページ　定価　本体1,400円＋税

◎古文完全攻略63選

入試頻出問題厳選。基礎から難関までレベル別完全攻略法。
読解・文法・語彙・知識・文学史まで完全網羅。
よくでる古文20・実戦問題22・注目の作品21収録。
　B5判　208ページ　定価　本体1,400円＋税

東京学参　http://www.gakusan.co.jp/

高校入試実戦シリーズ

実力判定テスト10 改訂版　数学　偏差値65

2020年5月13日　初版発行
2023年4月14日　4刷発行

発行者　佐藤　孝彦

発行所　東京学参株式会社
　　　　〒153-0043　東京都目黒区東山2−6−4
　　　　URL　　　https://www.gakusan.co.jp/

編集部　TEL　　03 (3794) 3002
　　　　FAX　　03 (3794) 3062
　　　　E-mail　hensyu@gakusan.co.jp

※本書の編集責任はすべて弊社にあります。内容に関するお問い合わせ等は、編集部
　まで、なるべくメールにてお願い致します。

営業部　TEL　　03 (3794) 3154
　　　　FAX　　03 (3794) 3164
　　　　E-mail　shoten@gakusan.co.jp

※ご注文・出版予定のお問い合わせ等は営業部までお願い致します。

印刷所　株式会社ウイル・コーポレーション

ISBN 978-4-8141-1662-1